高等学校测绘学科教学指导委员会“十五”高职高专规划教材

现代测量技术实训

主编 潘松庆

黄 河 水 利 出 版 社

内容提要

本书为与高等学校测绘学科教学指导委员会“十五”高职高专规划教材《现代测量技术》相配套的测量实训教材，内容包括测量课程的实验课指导、习题课指导和测量实训指导，并附有测量实训所用的各种记录和计算表格、测量实训操作考查题选等。本书与《现代测量技术》教材相结合，可用于对学生测量的外业操作技能和内业计算能力进行全面训练。

本书主要适用于高等职业技术院校、高等专科学校、成人教育学院、职工大学等院校的建筑工程技术、交通工程技术、地下工程技术、房地产开发与土地管理及其相关专业测量课的实践教学和学生自学使用，亦可供生产单位测量、施工等专业技术人员参考。

图书在版编目(CIP)数据

现代测量技术实训/潘松庆主编.—郑州:黄河水利出版社，2008.6

高等学校测绘学科教学指导委员会“十五”高职高专规划教材

ISBN 978-7-80734-440-7

Ⅰ.现… Ⅱ.潘… Ⅲ.测量学-高等学校:技术学校-教材 Ⅳ.P2

中国版本图书馆 CIP 数据核字(2008)第 068809 号

出 版 社:黄河水利出版社

地址:河南省郑州市金水路 11 号　　邮政编码:450003

发行单位:黄河水利出版社

发行部电话:0371-66026940、66020550、66028024、66022620(传真)

E-mail:hhslcbs@126.com

承印单位:黄河水利委员会印刷厂

开本:787 mm×1 092mm　1/16

印张:6.25

字数:144 千字　　印数:1—4 100

版次:2008 年 6 月第 1 版　　印次:2008 年 6 月第 1 次印刷

定价:16.00 元

序

我国的高职高专教育经历了十余年的蓬勃发展,获得了长足的进步,如今已成为我国高等教育的重要组成部分,在国家的经济、社会和科技发展中发挥着积极的服务作用,测绘类专业的高职高专教育也是如此。为了加深高职高专教育自身的改革,并使其高质量地向前发展,教育部决定组建高职高专教育的各学科专业指导委员会。国家测绘局受教育部委托,负责组建和管理高职高专教育测绘类专业指导委员会,并将其设置为全国高等学校测绘学科教学指导委员会下的一个分委员会。第一届分委员会成立后的第一件事就是根据教育部的要求,研讨和制定了我国高职高专教育的测绘类专业设置,新设置的专业目录已上报教育部和国家测绘局。随后组织委员和有关专家按照新的专业设置制定了“十五”期间相应的教材规划。在广泛征集有关高职高专院校意见的基础上,确定了规划中各本教材的主编和参编院校及其编写者,并规定了完成日期。为了保证教材的学术水平和编写质量,教学指导分委员会还针对高职高专教材的特点制定了严格的教材编写、审查及出版的流程和规定,并将其纳入高等学校测绘学科教学指导委员会统一管理。

经过各相关院校编写教师们的努力,现在第一批规划教材正式出版发行,其他教材也将会陆续出版。这些规划教材鲜明地突出了高职高专教育中专业设置的职业性和教学内容的应用性,适应高职高专人才的职业需求,必定有别于高等教育的本科教材,希望在高职高专教育的测绘类专业教学中发挥很好的作用。

这里要特别指出,黄河水利出版社在获悉我们将出版一批规划教材后,为了支持和促进测绘类专业高职高专教育的发展,经与教学指导委员会协商,今后高职高专测绘类专业的全部规划教材都将由该社统一出版发行。这里谨向黄河水利出版社表示感谢。

由教学指导委员会按照新的专业目录,组织、规划和编写高职高专测绘类专业教材还是初次尝试,希望有测绘类专业的各高职高专院校能在教学中使用这些规划教材,并从中发现问题,提出建议,以便修改和完善。

高等学校测绘学科教学指导委员会主任

中国工程院院士

宁津生

2005 年 7 月 10 日于武汉

前 言

《现代测量技术实训》为高等学校测绘学科教学指导委员会"十五"高职高专规划教材《现代测量技术》的配套教材，主要由三部分组成。第一部分为测量实验课指导，内容涵盖水准仪、经纬仪、全站仪的认识使用和检校，水准测量、角度测量、全站仪测量等基本测量工作，及角度、距离、高程和坐标测设等施工测量的基本方法等11项实验；第二部分为测量习题课指导，内容包括水准测量、导线测量、地形图的应用和带有缓和曲线的圆曲线放样的细部点坐标计算等4项习题课；第三部分为测量实训指导，包括测量实训的性质、任务和基本要求、实训的主要内容、时间场地及人员组织、作业时间分配、领用仪器、具体作业内容和技术要求、注意事项、实训成果、测量新仪器和新技术介绍、操作考核及成绩评定等。

本书的实验课和习题课指导，不仅有每次实验课或习题课的目的、内容、安排、步骤及注意事项，还包括需要学生完成的实验报告和思考题，实训指导除项目完整、内容详细外，还附有测量实训作业的各种记录、计算表格和操作考查题选，供实训教学选择使用，其目的在于加强测量课理论和实践教学的可结合性和实验课、习题课、集中实训及其考查的可操作性，从而配合《现代测量技术》的理论教学，加强对学生的测量外业操作技能和内业计算能力的全面训练。

本书由高等学校测绘学科教学指导委员会主任、武汉大学宁津生院士担任主审，河海大学土木工程学院潘松庆教授（现在广州城建职业学院任教）担任主编。

昆明冶金高等专科学校赵文亮教授及河海大学章书寿教授和白忠良教授对本书的编写给予了具体指导，编者谨此向宁津生院士、赵文亮教授、章书寿教授和白忠良教授及其他为本书的编写和出版提供宝贵支持和热心帮助的专家表示衷心感谢！

由于编者水平所限，书中疏漏、错误和不足之处恳请广大师生和读者批评指正。

编 者

2008年2月

目　录

第一部分　测量实验课指导

测量是一门理论和实践并重的技术基础课程,其中一个重要的教学环节就是实验课。通过实验课的实践教学和操作训练,可以更好地理解和掌握有关测量的理论知识和作业技能。因此,对测量实验课应予以足够的重视。

一、课前须知

(1)实验课前应认真复习教材中有关章节,做到对仪器的使用和实验的方法心中有数。

(2)仔细阅读实验指导书,明确实验的内容、方法、步骤和要求。

(3)准备好计算器、铅笔、小刀等工具。

二、上课须知

(1)遵守课堂纪律,不得迟到早退,禁止打闹玩耍。

(2)按指导书规定步骤操作,发现问题应及时报告指导教师予以解决。

(3)如遇仪器故障,应立即向指导教师汇报,不得随意自行处理。

三、使用仪器须知

(1)认真办理仪器借用手续;借用时仔细登记,用完后逐件验收。

(2)领取仪器时,应认真检查仪器及脚架各部分是否完好、能否正常使用。

(3)自箱内取出仪器前,应先看清仪器在箱内安放的位置和方向,以便仪器用毕后按原位置顺利装箱。

(4)取仪器时,应先放松制动螺旋,以免强行扭转仪器部件而使轴系受到损坏。

(5)用双手将仪器从箱内托出,轻拿轻放,不要单手抓仪器,不要用手触摸或用手绢擦拭仪器的目镜、物镜等光学部分。

(6)安置仪器时,首先应旋紧中心连接螺旋,使仪器和脚架固紧,否则很有可能使仪器自脚架滑落,受到严重损坏。

(7)架设仪器时,三条架腿的分开和高度应适中,既使仪器重心稳定,又便于观测。松软土地安置仪器应将架腿脚尖踩实,水泥等坚实路面安置仪器应用细绳等将三条架腿固连,以免架腿滑倒摔坏仪器。

(8)沿道路设站时,测站和安放标尺的转点均应靠近路边,以免往返车辆或行人碰撞仪器。

(9)取出仪器后,应将仪器箱盖好,以免灰沙侵入。仪器箱不能承重,不可坐人。

(10)使用过程中,应撑伞保护仪器,既免日晒,亦防雨淋。仪器旁应始终有人守护。

(11)观测时,转动仪器前要松开制动螺旋,使用微动螺旋前要旋紧制动螺旋。目镜、物镜的调焦螺旋、基座的脚螺旋及各种微动螺旋都只能用其中间部分，即不可旋至其两端，以免损坏螺旋。

(12)观测时，转动仪器应平稳、用力均匀，按规定方向旋转，避免盲目转动。

(13)全站仪作业地点应避开高压线、变压器等强电磁场的干扰，反射棱镜后面不应有反光镜或强光源；开机后首先应使照准部和望远镜各旋转360°以上，使水平度盘和竖直度盘归于零位；操作时，应在熟悉作业程序和操作步骤的基础上，轻转照准部和望远镜，并按仪器说明书依序轻按有关操作键；不要随意改动仪器的常数设置，也不要用望远镜照准太阳或瞄准他人。

(14)仪器用毕应将各制动螺旋松开，装箱后应轻轻试盖，在确认安放正确后再旋紧各制动螺旋，以免仪器在箱内自由转动，受到损坏。

(15)清点箱内附件完好后，将箱盖扣件扣紧，最后将仪器箱锁好，以免再次使用提起仪器时，发生箱盖自动打开摔出仪器的严重事故。

(16)实验结束，应对借用的所有仪器、工具进行清点，不得损坏和遗失，如有损坏或遗失，应予赔偿。

四、记录须知

(1)所有观测数据必须保证其真实性，即时记入手簿。手簿应事先编好页码或装订成册。不得记在草稿纸上然后转抄，严禁伪造数据。

(2)记录数字应清晰工整，不得涂改、字改字或连环更改，也不能用橡皮擦，如发现有误，可用细线划去，然后在其上方予以更正。

(3)实验过程中应按规定，及时对观测数据进行计算，并将计算结果与有关限差进行比较，只有在满足一个步骤的检核后，才能进行下一步观测。

(4)观测数据的取位：水准测量至mm；角度测量至秒，分和秒都应记满两位，如1°0′6″应记为1°00′06″；距离测量至mm；视距读数至mm。

五、计算须知与函数型计算器进行角度运算和坐标转换须知

计算须知与函数型计算器进行角度运算和坐标转换须知，参见《现代测量技术》附录1。

实验一　DS_3 型水准仪的认识和使用

一、目的

熟悉和学会使用 DS_3 型水准仪。

二、内容

(1)了解 DS_3 型水准仪各部件及有关螺旋的名称和作用。

(2)掌握水准仪的安置和使用方法。

(3)练习用水准仪测定地面两点间高差的方法。

三、安排

(1)时数:课内2学时;每小组2~4人。

(2)仪器:每组领DS_3型水准仪1台、测伞1把、记录板1块。

(3)场地:在一较平整场地不同高度的3~5个地面点上分别竖立水准尺,仪器至水准尺的距离不宜超过50m。

四、步骤

(一)安置水准仪

松开架腿,调节其长度后将架腿螺旋拧紧;将三角架张开,使其高度大致齐与胸口,架头大致水平,并将架腿的尖部踩入土中(或插在坚硬路面的凹陷处);从仪器箱中取出水准仪,用中心连接螺旋将其固连到脚架上。

(二)认识水准仪

了解仪器各部件及有关螺旋的名称、作用和使用方法;熟悉水准尺的刻划和注记。

(三)粗平

按"左手法则"(即使左手姆指运动的方向与令气泡移动的方向相一致)。用双手同时对向转动一对脚螺旋,使圆水准器气泡移至中间,再转动另一脚螺旋使气泡居中。

(四)瞄准

先用目镜调焦,以天空或粉墙为背景,转动目镜对光螺旋,使十字丝清晰;然后照准目标,转动望远镜,通过其上的准星和缺口照准标尺,固定水平制动螺旋,旋转微动螺旋,使标尺成像在望远镜视场中央;再用物镜调焦,旋转物镜对光螺旋,使标尺的影像清晰,同时检查是否存在视差现象,如存在,则反复调焦,加以消除。

(五)精平

旋转微倾螺旋,使水准管气泡符合,即使其左右影像下端吻合成半圆状(微倾螺旋的旋转方向应与符合气泡的左侧影像移动方向相一致)。

(六)读数

读取十字丝中丝在水准尺上所指处应有的数字,计4位,以m为单位,估读至mm。

(七)测定高差

先按上述步骤照准A点标尺,精平后读数,记为后视读数a;再照准B点标尺,精平后读数,记为前视读数b,由此计算A点至B点的高差:

$$h_{AB} = a - b$$

变动仪器高后重复上述步骤,再次计算得A点至B点的高差,并将有关读数和算得的高差记入表S-1,最后通过较差Δh检查练习的效果。

参见《现代测量技术》第二章第二节。

五、注意事项

(1)标尺读数前都应检查是否存在视差,如有视差一定要反复通过物镜(与目镜)调焦，予以消除。

(2)标尺中丝读数前都应旋转微倾螺旋使符合气泡符合，不符合不能读数。

实验一报告

实验名称：DS_3 型水准仪的认识和使用

实验日期________专业________年级____班级____小组____姓名________

一、实验记录

表 S-1　水准仪测定高差练习

____年____月____日　天气____观测________记录________检查________

测站	点号			后视读数（m）	前视读数（m）	高差 h（m）	Δh（mm）	说明
	第 1 次	后						
		前						
	第 2 次	后						
		前						

二、实验成果

(1)二次观测高差较差的容许值为______mm，此次实验较差为______mm，说明实验成果______要求。

(2)二次观测 A 点至 B 点高差的平均值为______m，说明 B 点比 A 点____。如果假设 A 点的高程 $H_A=10.000$m，可知仪器的视线高程 $H_I=$__________m；B 点的高程 $H_B=$__________m。

三、实验答题

(1)粗平仪器，使圆水准器气泡居中，应旋转______；转动望远镜，照准目标，使标尺影像位于望远镜视场中央，应旋转__________和__________；使十字丝清晰，应旋转__________，使标尺影像清晰，应旋转__________；精平仪器，使符合气泡居中，应旋转__________。

(2)粗平仪器时，旋转脚螺旋应遵循______法则；照准目标时，应通过反复____，消除______；中丝读数前，一定要使符合气泡左右两半的影像______，其目的是________________________。

(3)在测定两点间高差时，当望远镜由后视转向前视时，如发现圆水准器气泡偏离中心，不能再________，这是因为__________；但如发现符合水准气泡偏离中心时，则一定要____________，这是因为____________。

四、存在问题

实验二　普通水准测量

一、目的

掌握普通水准测量外业观测和内业计算的方法。

二、内容

每小组完成一条闭合水准测量的观测，每人独自完成其内业计算。

三、安排

(1)时数：课内3学时(外业2小时，内业1小时)；每小组4~5人。

(2)仪器：每组领 DS_3 型水准仪1台、水准尺1对、尺垫2只、测伞1把、记录板1块。

(3)场地：在一较平整场地设置一条闭合水准路线，起始设一已知 A 点，中间设两待定 B 点和 C 点(A、B、C 均应有地面标志或为地面突出点)，闭合路线全长约300m。

四、步骤

(一)外业部分

1. 观测方法

从已知 A 点出发，以普通水准测量经 B、C 点，再测回 A 点。全线分为3个测段，每测段含2个测站。每测站均用变动仪高法测定两次高差进行检核，将有关读数和算得的高差记入表S-2。

2. 注意事项

(1)除已知点 A 和待定点 B、C 外，现场临时设置的立尺点称为转点(用 TP_i 表示)，作传递高程用。A、B、C 点上立尺不用尺垫，转点上立尺需用尺垫。

(2)应尽量靠路边设置转点和安置测站。测站安置仪器时，不需和前、后视点成三点一线，但应使前、后视距大致相等。

(3)测站变动仪器高前、后所得两次高差的较差应不超过±6mm。记录员应当场计算高差及其较差，符合要求方能迁站。

(4)迁站时，前视尺(连同尺垫)不动，即变为下一测站的后视尺，而将本站的后视尺调为下一站的前视尺。

(5)观测完毕后，应对整个记录进行计算检核，即所有测站两次观测的后视读数之和

$\sum a$ 减去前视读数之和 $\sum b$ 应等于所有测站高差平均值之和的 2 倍，即 $2 \times \sum h_{均}$。

(6)照准标尺读数前务必注意消除视差和使水准管气泡符合。

(二)内业部分

1. 计算待定点的高程

整条路线观测完毕后计算高差闭合差，其容许值为 $\pm 12\sqrt{n}$ mm(n 为测站数)。

若高差闭合差符合要求，将每测段内的测站数及由各测站高差取和得到的测段高差观测值，填入表 S-3，进行高差闭合差的调整和计算待定点 B、C 的高程。其计算步骤为：

(1)高差闭合差计算与检核。

(2)高差闭合差调整，即将闭合差反号，按与各测段所含测站数成正比的原则进行分配，得到各测段的高差改正数。

(3)假设已知点高程 H_A 为某一整米数，计算待定点高程。

参见《现代测量技术》第二章第三节。

2. 注意事项

(1)如果由于凑整误差，使高差改正数与高差闭合差的绝对值不完全相符，可将其差值凑到距离长的测段高差改正数中。

(2)高程计算栏最后一行起始点高程的计算值应和其已知值完全吻合，否则应检查计算是否有误。

实验二报告

实验名称：普通水准测量

实验日期________专业________年级____班级____小组____姓名____________

一、实验记录

表 S-2　水准测量记录

____年____月____日 天气____观测___________记录________检查____________

测站	点号		后视读数(m)	前视读数(m)	高差 h(m)	平均高差 $h_{均}$(m)	说明
	仪高(1)						
	仪高(2)						
	仪高(1)						
	仪高(2)						

续表 S-2

测站	点号		后视读数（m）	前视读数（m）	高差 h（m）	平均高差 $h_{均}$（m）	说明
	仪高（1）						
	仪高（2）						
	仪高（1）						
	仪高（2）						
	仪高（1）						
	仪高（2）						
	仪高（1）						
	仪高（2）						
	仪高（1）						
	仪高（2）						
检核	$\sum a - \sum b =$			$2\sum h_{均} =$			

二、内业计算

表 S-3　高差闭合差调整及待定点高程计算

计算＿＿＿＿＿＿检查＿＿＿＿＿＿

点号	测站数	距离（km）	实测高差（m）	改正数（mm）	改正后高差（mm）	高程（m）
Σ						
辅助计算	$f_h =$ $f_{h容} = \pm 12\sqrt{n} =$　　（mm）或 $f_{h容} = \pm 40\sqrt{L} =$　　（mm）					

三、实验成果

(1)测站两次观测高差较差的容许值为________mm,此次实验最大测站较差为________mm;路线高差闭合差容许值为________mm,此次实验路线高差闭合差为________mm,说明实验成果________要求。

(2)A 点的假定高程为 H_A = ____________________m,经高差闭合差调整,算得 B 点的高程 H_B = ____________m、C 点的高程 H_C = ____________m。

四、实验答题

(1)水准测量观测时应将仪器脚架和转点上的尺垫踩实,以防止仪器或尺垫下沉,其目的是______________________;迁站时,前视尺(连同尺垫)不动,而将本站的后视尺调为下一站的前视尺,其目的是________________________________。

(2)测站安置仪器时,应使前、后视距大致相等,其目的是____。

(3)观测中如果标尺偏斜,必然使读数变____,从而给测站高差带来影响,因此立尺一定要竖直。

(4)在路线水准测量中,如果每测站的检核均通过,但最后的路线高差闭合差不符合要求,其原因可能是由于____,____。

(5)在高差闭合差小于容许值的前提下,进行高差闭合差的调整,是为了____,如果高差闭合差大于容许值,则____。

(6)本次实验中,因路线及各测段距离均较短,所以高差闭合差按照与测段所含测站数成正比进行调整,而在实际水准测量中,其高差闭合差调整的原则,在平坦地区是____,只有在丘陵山区才是____。

五、存在问题

实验三　微倾式水准仪检验和校正

一、目的

(1)了解微倾式水准仪的主要轴线,及其应满足的几何关系。

(2)掌握微倾式水准仪的检验和校正方法。

二、内容

首先,了解微倾式水准仪主要轴线的名称和所在的位置,并对仪器的各组成部分和相关螺旋的有效性进行一般检查,然后进行水准仪的三项检验校正。

三、安排

(1)时数:课内 2 学时;每小组 4 ~5 人。

(2)仪器:每组领 DS_3 型水准仪 1 台、水准尺 1 对、尺垫 2 只、校正针 1 根、测伞 1 把、记录板 1 块。

(3)场地:较平整,距离约 80m。

四、步骤

1. 圆水准轴检验和校正

(1)检验:先转动脚螺旋使圆水准器气泡居中,再将望远镜旋转 180°,看圆水准器气泡是否仍居中。如仍居中,说明条件满足;若气泡偏离黑圈外,说明条件不满足,需要校正。

(2)校正:稍许松动圆水准器底部固定螺丝,用校正针拨动圆水准器校正螺丝,令气泡返回偏离量的一半,使条件满足;再旋转脚螺旋令气泡居中,使仪器整平,最后将底部固定螺丝旋紧。重复该项检校,直至条件满足为止。

检验和校正情况绘图说明于表 S-4。

2. 十字丝横丝检验和校正

(1)检验:用望远镜十字丝横丝一端对准某点状标志,固紧制动螺旋,旋转微动螺旋,使望远镜水平微动,看该点状标志是否偏离横丝。如不偏离,说明条件满足;否则说明条件不满足,需要校正。

(2)校正:卸下目镜护罩,松开十字丝分划板的固定螺丝,稍许转动十字丝环,使点状标志相对中横丝的偏离量减少一半,重复该项检校,直至条件满足为止。最后,将固定螺丝旋紧,装上目镜护罩。

检验和校正情况绘图说明于表 S-5。

3. 水准管轴检验和校正

(1)检验。地面选 J_1、A、B、J_2 四点,总长 61. 8m,相邻点间距均为 20. 6m,其中 A、B 点放置尺垫并竖立水准尺(见图 S-1),再实施以下步骤:

①将仪器安置于 J_1 点,照准二尺,分别进行四次读数,取平均得 a_1、b_1,并算得 A、B 的

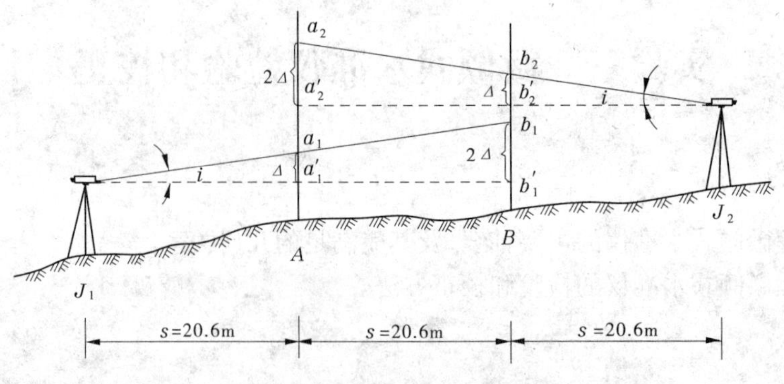

图 S-1　水准管轴检验示意图

第 1 次高差 $h_{AB} = a_1 - b_1$；

②将仪器安置于 J_2 点，再次照准二尺，分别进行四次读数，取平均得 a_2、b_2，并算得 A、B 的第 2 次高差 $h'_{AB} = a_2 - b_2$；

③计算：仪器的 i 角对近端标尺读数的影响值为 $\Delta = \frac{h'_{AB} - h_{AB}}{2}$（mm）；仪器的 i 角为 $i'' = 10 \times \Delta$；

若超过 ±20″，即需进行校正。

（2）校正。其步骤为：

①计算此时 A 尺的正确读数 $a'_2 = a_2 - 2\Delta$；

②旋转微倾螺旋，使十字丝中丝对准 A 尺的正确读数 a'_2，水准管气泡自然不再居中；

③用校正针拨动水准管上、下校正螺丝，使气泡左、右影像重新符合；

④使仪器照准 B 尺，检查其读数是否变为正确读数 $b'_2 = b_2 - \Delta$，如不相等，重复该项检校，直至条件满足为止。

检验和校正数据记录于表 S-6。

参见《现代测量技术》第二章第四节。

五、注意事项

（1）仪器如需校正，应在老师指导下进行。

（2）三项检验校正依上述顺序进行，不应颠倒。

（3）用校正针拨动校正螺丝时，应先松后紧，少许用力，以免损坏螺丝。

实验三报告

实验名称：微倾式水准仪检验和校正

实验日期__________专业__________年级____班级____小组____姓名________

一、实验记录

1. 圆水准轴检验和校正

圆水准轴检验和校正可绘图说明，见表 S-4。

表 S-4　圆水准轴检验和校正绘图说明

	整平后圆水准器气泡位置	望远镜转 180°后气泡位置
检验时	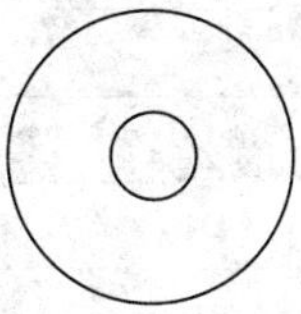	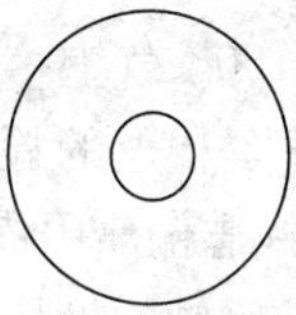
校正后	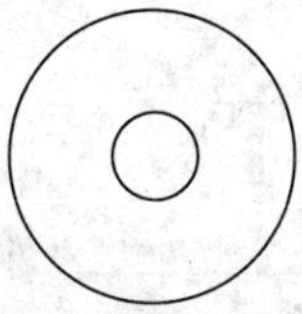	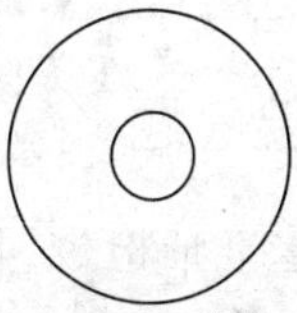

2. 十字丝横丝检验和校正

十字丝横丝检验和校正，见表 S-5。

表 S-5　十字丝横丝检验和校正绘图说明

	检验时	校正后
点状标志偏离中横丝的情况	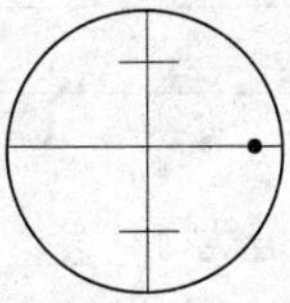	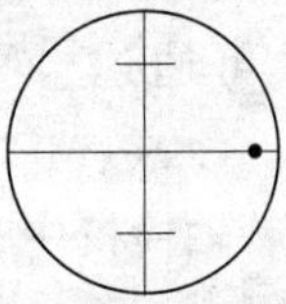

3. 水准管轴检验和校正

水准仪 i 角误差检验记录表，见表 S-6。

表 S-6　水准仪 i 角误差检验记录

____年____月____日 天气____观测____________ 记录____________ 检查____________

第 1 次(校正前)				第 2 次(校正后)			
测站	点号	读数(m)	高差(mm)	测站	点号	读数(m)	高差(mm)
		$a_1 =$	$h_{AB} = a_1 - b_1$			$a_1 =$	$h_{AB} = a_1 - b_1$
		$b_1 =$	$=$			$b_1 =$	$=$
		$a_2 =$	$h'_{AB} = a_2 - b_2$			$a_2 =$	$h'_{AB} = a_2 - b_2$
		$b_2 =$	$=$			$b_2 =$	$=$
$\Delta = \frac{h'_{AB} - h_{AB}}{2} =$			$i'' = 10 \times \Delta$ $=$	$\Delta = \frac{h'_{AB} - h_{AB}}{2} =$			$i'' = 10 \times \Delta$ $=$

注：表内 a_1、b_1、a_2、b_2 应分别为各四次读数的平均值。

二、实验成果

(1)圆水准轴的检校,检验时望远镜转 180°,气泡________,说明____________;校正后望远镜转 180°,气泡________,说明________________________。

(2)十字丝横丝的检校,检验时点状标志偏离中横丝________,说明____________;校正后点状标志偏离中横丝________,说明________________________。

(3)水准管轴的检校,检验得 $i=$____________,说明________________________;校正后 $i=$____________,说明____________________________。

三、实验答题

(1)圆水准轴检校,目的是使______________________,如果该条件不满足,其原因是由于______________________________。

(2)十字丝横丝检校,目的是使______________________,如果该条件不满足,其原因是由于______________________________。

(3)水准管轴检校,目的是使______________________,如果该条件不满足,其原因是由于______________________________。

(4)在圆水准轴检校中,只要用校正针拨动圆水准器校正螺丝令气泡返回偏离量的一半,就可使条件满足,其理由是______________________________;如果校正后仍有剩余误差,可通过______________________________来整平仪器。

(5)在水准管轴检校中,四点间距均设为 20.6m,是为了______________________________,由检验所得 $i=$________,表明此时望远镜视准轴为向____倾斜。

(6)如果校正后仍有剩余的 i 角误差,可通过____来消除它对测站高差的影响。

四、存在问题

实验四　DJ_6 型光学经纬仪的认识和使用

一、目的

熟悉和学会使用 DJ_6 型光学经纬仪。

二、内容

(1)了解 DJ_6 型光学经纬仪各部件及有关螺旋的名称和作用。

(2)掌握经纬仪的对中、整平、瞄准和读数方法。

(3)练习用经纬仪盘左位置测量两个方向之间的水平角。

三、安排

(1)时数:课内 2 学时;每小组 2~4 人。

(2)仪器:每组领 DJ_6 型光学经纬仪 1 台、测伞 1 把、记录板 1 块。

(3)场地:平地安置仪器,远处选择两个背景清晰的直立目标。

四、步骤

(一)认识经纬仪

1. 安置

松开架腿,调节其长度后拧紧架腿螺旋;将三角架张开,使其高度约与胸口平,移动三角架,使其中心大致对准地面测站点标志,架头基本水平,然后将架腿的尖部踩入土中(或插在坚硬路面的凹陷处);从仪器箱中取出经纬仪,用中心连接螺旋将其固连到脚架上。

2. 认识

了解仪器各部件及有关螺旋的名称、作用和使用方法;熟悉读数窗内度盘和分微尺影像的刻划和注记。

(二)使用经纬仪

1. 对中

安置经纬仪时挪动架腿,使脚架头表面大致水平,并使其中心大致对准地面测站点。

2. 整平

练习使用光学对中器同时进行仪器的对中和整平,具体方法参见《现代测量技术》第三章第二节。要求:对中误差不超过 1mm;整平误差即气泡偏离中心不超过 1 格。

3. 照准

先松开照准部和望远镜的制动螺旋,将望远镜指向明亮的背景或天空,旋转目镜调焦螺旋,使十字丝清晰,然后转动照准部,用望远镜上的瞄准器对准目标,再通过望远镜瞄准,使目标影像位于十字丝竖丝附近,旋转对光螺旋,进行物镜调焦,使目标影像清晰,消除视差,最后旋转水平和望远镜微动螺旋,使十字丝竖丝单丝与较细的目标精确重合,或双丝将较粗的目标夹在中央。

4. 读数

打开反光镜,调节反光镜的角度,使读数窗明亮,旋转读数显微镜的目镜,使读数窗内影像清晰。上方注有“H”的小窗为水平度盘影像;下方注有“V”的小窗为竖直度盘影像。采用分微尺读数法,首先读取分微尺所夹的度盘分划线的度数,再读取该度盘分划线在分微尺上所指的小于 1°的分数(估读至 0.1′),二者相加,即得到完整的读数。

(三)测量水平角

以经纬仪的盘左位置(使竖直度盘位于望远镜的左侧为盘左,倒转望远镜使竖直度盘位于望远镜的右侧为盘右)先照准左面的目标 A,令其读数为 a,再照准右面的目标 B,令其读数为 b,然后计算其间的水平角 $\beta = b - a$,将读数和计算值记入表 S-7 相应的栏目中。

参见《现代测量技术》第三章第二节。

五、注意事项

(1)用光学对中器同时进行仪器的对中和整平,末了松开中心连接螺旋使仪器在脚架上面作少量平移,精确对中,其后一定要再拧紧连接螺旋,以防仪器脱落。

(2)照准目标时,应尽量照准目标的底部。

(3)计算角值时,总是右目标读数 b 减去左目标读数 a,若 $b < a$,则应加 360°。

实验四报告

实验名称:DJ_6 型光学经纬仪的认识和使用

实验日期________专业________年级_____班级_____小组_____姓名____________

一、实验记录

表 S-7 水平角观测记录

____年____月____日 天气____观测__________记录________检查__________

目标	水平度盘读数 (° ′ ″)	水 平 角 值 (° ′ ″)	备注
A			
B			
A			
B			

二、实验成果

此次实验,仪器对中相对地面标志点偏离____ mm,整平后照准部水准管气泡偏离中心____格。共观测____个水平角,角值分别为____________________、____________________。

三、实验答题

(1)用光学对中器同时使仪器对中、整平时,将地面点标志调入对中器小圆圈用____________________

的方法，使水准管气泡居中用____
________________________的方法，其原理是______________________
____
______________________________________。

(2)控制照准部水平方向转动用____________和__________；控制望远镜竖直方向转动用____________和____________；使十字丝清晰，应旋转____________，使目标影像清晰，应旋转__________；配置水平度盘读数，用____________
____。

(3)只要目标是竖直的，即使照准目标不同的高度，其间的水平角值______变化，这是因为____，但在实际观测时还是应尽量照准目标的底部，这是因为______________________________
______________________________。

四、存在问题

实验五　水平角测量(测回法)

一、目的

掌握用测回法测量水平角。

二、内容

每小组再次练习经纬仪的安置，然后按测回法测量一个水平角，两个测回。

三、安排

(1)时数：课内2学时；每小组2~4人。

(2)仪器：每组领DJ_6型光学经纬仪1台、测伞1把、记录板1块。

(3)场地：平地安置仪器，远处选择两个背景清晰的竖直目标。

四、步骤

(一)安置经纬仪

在指定测站点上安置经纬仪，对中、整平，方法同实验四。

(二)测回法测量水平角——两个测回

1. 第 1 测回

(1)盘左,瞄准左目标 A,将水平度盘读数配置在 $0°00'$附近(可稍大若干秒),读取水平度盘读数为 a_1,顺时针转动照准部,瞄准右目标 B,读取水平度盘读数为 b_1,计算上半测回角值 $\beta_{左1}=b_1-a_1$;

(2)盘右,瞄准右目标 B,读取水平度盘读数为 b_2,逆时针转动照准部,瞄准左目标 A,读取水平度盘读数为 a_2,计算下半测回角值 $\beta_{右1}=b_2-a_2$;

(3)计算第 1 测回角度平均值$\beta_1=\dfrac{\beta_{左1}+\beta_{右1}}{2}$。

2. 第 2 测回

(1)仍以盘左开始,瞄准左目标 A,将水平度盘读数配置在 $90°00'$附近(可稍大若干秒),然后以与第 1 测回相同的步骤,测定 $\beta_{左2}$、$\beta_{右2}$,并计算第 2 测回角度平均值 $\beta_2=\dfrac{\beta_{左2}+\beta_{右2}}{2}$;

(2)计算两个测回角度的平均值 $\beta_{均}=\dfrac{\beta_1+\beta_2}{2}$。

在上述观测的同时,将读数和计算值记入表 S-8 相应的栏目中 。

参见《现代测量技术》第三章第三节。

五、注意事项

(1)如需观测 n 个测回,在每个测回开始即盘左的起始方向,应旋转度盘变换手轮配置水平度盘读数,使其递增$\dfrac{180°}{n}$。配置完毕,应将度盘变换手轮的盖罩关上,以免碰动度盘。同测回内由盘左变为盘右时,不得重新配置水平度盘读数。

(2)同测回内两个半测回角值较差应不超过 $\pm40''$;各测回之间角值较差应不超过 $\pm24''$。

实验五报告

实验名称:水平角测量(测回法)

实验日期________专业________年级____班级____小组____姓名____________

一、实验记录

首先绘制示意图:

测回法观测手簿见表 S-8。

表 S-8　测回法观测手簿

____年____月____日 天气____观测____________ 记录________ 检查____________

测站	目标	竖盘位置	水平度盘读数 (° ′ ″)	半测回角值 (° ′ ″)	一测回角值 (° ′ ″)	说明
		左				
		右				
		左				
		右				

二、实验成果

此次实验共观测____个单角，每个单角观测____个测回。半测回角值较差容许值为________，测回间角值较差容许值为________。此次实验半测回角值最大较差为________，测回间角值最大较差为________，说明实验成果________要求。

三、实验答题

(1)同一方向盘左、盘右水平读数的大数应相差________，否则说明____。

(2)配置水平度盘读数的目的是为了____，它只能在________________________时进行，测回内由盘左变为盘右，不得重新配置水平盘度读数，这是因为____。

四、存在问题

实验六　竖直角测量和竖盘指标差测定

一、目的

掌握竖直角测量和竖盘指标差的测定方法。

二、内容

(1)了解 DJ_6 型光学经纬仪与竖盘有关部件及螺旋的名称和作用。

(2)每小组在指定测站测量两个以上目标点的竖直角,各 1 个测回。

(3)同时计算不同目标点观测的竖盘指标差。

三、安排

(1)时数:课内 2 学时;每小组 2 ~4 人。

(2)仪器:每组领 DJ_6 型光学经纬仪 1 台、校正针 1 根、测伞 1 把、记录板 1 块。

(3)场地:平地安置仪器,远处选择 2 个背景清晰、分别高于和低于测站高度的直立目标。

四、步骤

(一)认识和使用与竖盘有关的部件及螺旋

(1)安置。在场地上安置经纬仪,整平。

(2)认识。了解竖盘特点和竖盘指标水准管及其微动螺旋等的作用和使用方法。

(3)照准。松开照准部和望远镜制动螺旋,通过望远镜瞄准目标,旋转水平和望远镜微动螺旋,使十字丝中横丝与目标顶端(或需要测量竖直角的部位)精确相切。

(4)读数。旋转竖盘指标水准管微动螺旋,使指标水准管气泡居中,仍采用分微尺读数法,读取读数窗下方注有“V”的竖直度盘读数(估读至 0.1′)。

(二)竖直角测量

(1)盘左,瞄准目标 A,以中横丝与目标顶端相切,使指标水准管气泡居中,读取竖盘读数为 L,计算盘左竖角值 $\alpha_L = 90° - L$。

(2)倒转望远镜成盘右,仍以中横丝与目标 A 顶端相切,使指标水准管气泡居中,读取竖盘读数为 R,计算盘右竖角值 $\alpha_R = R - 270°$。

(3)计算一测回角度平均值

$$\alpha = \frac{\alpha_L + \alpha_R}{2} \tag{1}$$

在上述观测的同时,将读数和计算值记入表 S-9 相应的栏目中 。

(4)按相同步骤测定目标 B 的竖直角。

(三)竖盘指标差测定

根据观测所得同一目标盘左、盘右竖直角值,或盘左和盘右的竖盘读数,代入式(2)

或式(3)计算竖盘指标差

$$x = \frac{\alpha_R - \alpha_L}{2} \tag{2}$$

或

$$x = \frac{(L + R) - 360°}{2} \tag{3}$$

将计算结果记入表 S-9 即为竖盘指标差的测定值。

参见《现代测量技术》第三章第四节。

五、注意事项

(1)照准目标时,盘左、盘右必须均照准目标的顶端或同一部位。

(2)凡装有竖盘指标水准管的经纬仪,必须旋转指标水准管微动螺旋使气泡居中,方能进行竖盘读数。

(3)算得的竖直角和指标差应带有符号,尤其是负值的“-”号不能省略。

(4)如测量两个以上目标(或同一目标多个测回)的竖直角,可以根据各自算得竖盘指标差之间的较差,检查观测成果的质量。DJ_6 型光学经纬仪竖盘指标差之间的较差应不超过 ±30″。

实验六报告

实验名称:竖直角测量和竖盘指标差测定

实验日期________专业________年级____班级____小组____姓名____________

一、实验记录

表 S-9 竖直角观测手簿

____年____月____日 天气____观测____________ 记录________ 检查____________

测站	目标	竖盘位置	竖直度盘读数 (° ′ ″)	半测回角值 (° ′ ″)	一测回角值 (° ′ ″)	竖盘指标差 (″)
		左				
		右				
		左				
		右				

二、实验成果

(1)此次实验共观测____个目标的竖角,每个竖角观测____个测回,测得的竖直角分别为__________和__________。

(2)竖盘指标差 x 的较差容许值为________,此次实验竖盘指标差 x 的最大较差为________,说明实验成果________要求。

三、实验答题

(1)竖直角观测时,应先用________________和________________控制照准部和望远镜的转动,以便用________________与目标相切;然后用________________________使竖盘指标水准管气泡居中,才能进行竖盘读数。

(2)竖直角观测时,只需对目标进行照准和读数,而水平方向是不需要读数的,这是因为____。

(3)同一目标竖盘的盘左、盘右读数之和理论上应等于____,如果不等于该值,原因可能有两点,一是________________________,二是________________________。

(4)若测得的竖直角为正值,说明该角为________;为负值,说明该角为________。若算得的竖盘指标差为正值,说明竖盘指标线偏于________________;为负值,说明竖盘指标线偏于________________。

(5)若测量两个以上目标(或同一目标多个测回)的竖直角,可算得多个竖盘指标差。如指标差之间的较差很小,说明____________________________,如指标差之间的较差偏大,说明____________________________,这是因为____。

四、存在问题

实验七　光学经纬仪检验和校正

一、目的

(1)了解光学经纬仪的主要轴线,及其应满足的几何关系。

(2)掌握光学经纬仪的检验和校正方法。

二、内容

首先,了解 DJ_6 型光学经纬仪主要轴线名称和所在的位置,并对仪器各组成部分和相关螺旋的有效性进行一般检查,然后进行经纬仪的五项检验校正。

三、安排

(1)时数:课内 2 学时;每小组 2 ~ 4 人。

(2)仪器:每组领 DJ_6 型光学经纬仪 1 台、校正针 1 根、测伞 1 把、记录板 1 块。

(3)场地:一较平整场地,可观测到远处不同高度的直立目标。

四、步骤

1. 照准部水准管轴检验和校正

(1)检验:先转动照准部,使照准部水准管平行于一对脚螺旋,旋转该对脚螺旋使水准管气泡居中,再将照准部旋转 180°,看气泡是否仍居中。如仍居中,说明条件满足;若气泡偏离中心 1 格以上,说明条件不满足,需要校正。

(2)校正:用校正针拨动照准部水准管上下校正螺丝,令气泡返回偏离量的一半,使条件满足;再旋转脚螺旋令气泡居中,使仪器整平。重复该项检校,直至条件满足为止。

检验和校正情况绘图说明于表 S-10。

2. 视准轴检验和校正

(1)检验:以盘左、盘右观测大致位于水平方向的同一目标 p,分别得读数 M_1、M_2,代入式(4):

$$c = \frac{M_1 - (M_2 \pm 180°)}{2} \tag{4}$$

如算得的 c 值超过允许范围(一般为 ±30″),即说明存在视准轴误差。

(2)校正:此时望远镜仍处盘右位置,校正按以下步骤进行:

先根据算得的 c 值代入式(5),计算盘右的正确读数

$$M_{正} = M_2 + c \tag{5}$$

再旋转照准部微动螺旋使平盘读数变为 $M_{正}$,十字丝交点必然偏离目标 p;之后用校正针拨动十字丝环左、右校正螺丝,一松一紧推动十字丝环左右平移,直至十字丝交点对准原目标 p。

重复该项检校,直至条件满足为止。检验和校正的数据记录于表 S-11。

3. 横轴检验和校正

(1)检验:以盘左、盘右观测较高处,即竖角较大的同一目标 p,分别得读数 M_1、M_2,代入上述式(4),如算得的 c 值超过允许范围(一般为 ±30″),即说明存在(或和视准轴误差同时存在)横轴误差。

(2)校正:由于需调节支撑横轴的偏心环,而偏心环在仪器内部,构造较复杂,因此遇此问题,应送工厂维修。

检验的数据记录于表 S-12。

4. 十字丝竖丝检验和校正

(1)检验:用望远镜十字丝竖丝一端对准某点状标志,固紧制动螺旋,旋转望远镜微动螺旋,使望远镜上下微动,看该点状标志是否偏离竖丝。如不偏离,说明条件满足;否则说明条件不满足,需要校正。

(2)校正:卸下目镜护罩,松开十字丝分划板的固定螺丝,稍许转动十字丝环,使点状标志相对竖丝的偏离量减少一半。

重复该项检校,直至条件满足为止。最后,将固定螺丝旋紧,装上目镜护罩。检验和校正的情况绘图说明于表 S-13。

5. 竖盘指标水准管轴检验和校正

检验:如实验五中竖盘指标差的测定,安置经纬仪,盘左、盘右照准同一目标得其竖盘读数 L、R,计算得竖角 α_L、α_R,按实验五的式(2)或式(3)计算指标差 x。若 $|x| > 1'$,应予校正,其步骤为:

(1)依旧在盘右位置,照准原目标点,计算盘右的竖盘正确读数 $R_{正} = R - x$。

(2)转动竖盘指标水准管微动螺旋,使竖盘读数由 R 改变为 $R_{正}$。此时指标水准管气泡将不再居中。

(3)用校正针拨动指标水准管上、下校正螺丝,使气泡居中,指标水准管轴和竖盘指标线即相互垂直。

重复该项检校,直至条件满足为止。检验和校正的数据记录于表 S-14。

参见《现代测量技术》第三章第五节。

五、注意事项

(1)仪器如需校正,应在老师指导下进行。

(2)前四项检验校正依上述顺序进行,不应颠倒。

(3)用校正针拨动校正螺丝时,应先松后紧,少许用力,以免损坏螺丝。

实验七报告

实验名称:光学经纬仪的检验和校正

实验日期________专业________年级____班级____小组____姓名____________

一、实验记录

1. 照准部水准管轴检验和校正

表 S-10　照准部水准管轴检验和校正绘图说明

	整平后水准管气泡位置	照准部转 180°后气泡位置
检验时		
校正后		

2. 视准轴检验和校正

表 S-11　视准轴检验和校正记录

____年____月____日 天气____观测________ 记录________ 检查____________

第1次(校正前)					第2次(校正后)				
测站	平点目标	盘位	水平度盘读数 (° ′ ″)	c (″)	测站	平点目标	盘位	水平度盘读数 (° ′ ″)	c (″)
		左					左		
		右					右		
		左					左		
		右					右		

注:表内 $c=\frac{M_1-(M_2\pm180°)}{2}$。

3. 横轴检验和校正

表 S-12　横轴检验和校正记录

____年____月____日 天气____观测________ 记录________ 检查____________

第1次(校正前)					第2次(校正后)				
测站	高点目标	盘位	水平度盘读数 (° ′ ″)	c (″)	测站	高点目标	盘位	水平度盘读数 (° ′ ″)	c (″)
		左					左		
		右					右		
		左					左		
		右					右		

注:表内 $c=\frac{M_1-(M_2\pm180°)}{2}$。

4. 十字丝竖丝检验和校正

表 S-13　十字丝竖丝检验和校正绘图说明

	检验时	校正后
点状标志偏离竖丝的情况		

5. 竖盘指标水准管轴检验和校正

表 S-14　竖盘指标水准管轴检验和校正记录

____年____月____日 天气____观测________ 记录________ 检查____________

第 1 次(校正前)						第 2 次(校正后)					
测站	目标	盘位	竖盘读数 (° ′ ″)	竖角 α (° ′ ″)	指标差 x(″)	测站	目标	盘位	竖盘读数 (° ′ ″)	竖角 α (° ′ ″)	指标差 x(″)
		左						左			
		右						右			
		左						左			
		右						右			

注:表内 $x=\frac{\alpha_R-\alpha_L}{2}$或 $x=\frac{(L+R)-360°}{2}$。

二、实验成果

(1)照准部水准管轴检校,检验时照准部转 180°,气泡________,说明____________;校正后照准部转 180°,气泡________,说明________________________。

(2)视准轴检校,照准平点得 $c=$____,说明____________________;校正后 $c=$____________,说明____________________________。

(3)横轴检校,照准高点得 $c=$____,说明________________________。

(4)十字丝竖丝检校,检验时点状标志偏离竖丝________,说明____________;校正后点状标志偏离竖丝________,说明________________________。

(5)竖盘指标水准管轴检校,检验得竖盘指标差 $x=$____________,说明________________________;校正后 $x=$________________________,说明____________________________。

三、实验答题

(1)照准部水准管轴检校,目的是使________________________,如果该条件不满足,其原因是由于______________________________。

(2)视准轴检校,目的是使________________________,如果该条件不满足,其原因是由于______________________________。

(3)横轴检校,目的是使________________________,如果该条件不满足,其原因是由于______________________________。

(4)十字丝竖丝的检校,目的是使________________________,如果该条件不满足,其原因是由于______________________________。

(5)竖盘指标水准管轴检校,目的是使________________________,如果该条件不满足,其原因是由于______________________________。

(6)在照准部水准管轴检校中,只要用校正针拨动照准部水准管校正螺丝,令气泡返回偏离量的一半，就可使条件满足，其理由是________________________；如果校正后仍有剩余误差，可通过________________________来整平仪器。

(7)在视准轴检校中，应选择__________作为照准目标，是因为________________________，而在横轴检校中，应选择________作为照准目标，是因为________________________。

(8)仪器检验校正后，仍存在剩余的视准轴误差和横轴误差，可通过________________________来消除它们对水平角观测的影响。

(9)在竖盘指标水准管轴检校中，由检验得竖盘指标差如是“+”号，说明________________________；如是“-”号，说明________________________；如果校正后仍有剩余的指标差，可通过________________________来消除它对竖角观测的影响。

四、存在问题

实验八　全站仪角度、距离、高程和坐标测量

一、目的

熟悉和学会使用全站仪进行常规测量。

二、内容

(1)了解全站仪各部件及键盘按键的名称和作用。

(2)掌握全站仪安置和使用方法。

(3)练习用全站仪进行角度测量、距离测量、高程测量和坐标测量的方法。

三、安排

(1)时数：课内2学时。

(2)仪器：全站仪1台(包括反射棱镜、棱镜架)、测伞1把、记录板1块。

(3)场地：稍有起伏，选择两个高、低不同的目标点供观测。

四、步骤

(一)安置全站仪及棱镜架(或棱镜杆)

在测站上安置全站仪,其方法与安置经纬仪相同;在目标点上安置棱镜架。

(二)认识全站仪

了解仪器各部件(包括反射棱镜)及键盘按键的名称、作用和使用方法。

(三)对中和整平

对中、整平与普通经纬仪相同。

(四)仪器操作

1. 开机自检

打开电源,进入仪器自检,纵转望远镜和转动照准部各360°,进行竖直度盘和水平度盘初始化,即使竖直度盘和水平度盘的指标自动归于零位。

2. 输入参数

输入参数包括棱镜常数、气象参数(温度、气压、湿度)等,实验中此项可免。

3. 选定模式

选定模式包括角度测量模式、距离测量模式、坐标测量模式,特殊模式(即菜单模式)实验中暂不练习。

4. 角度测量

进入角度测量模式:

(1)照准起始目标,其方向值的配置有以下三种:①直接置零,在测角模式下按"置零"键,使水平度盘设置为0°00′00″;②锁定配置,转动照准部,再通过旋转水平微动螺旋使水平度盘读数等于所需要的方向值,然后按"锁定"键,再照准起始方向按回车键确认;③键盘输入,照准起始方向后按"置盘"键,依显示屏提示,通过键盘输入所需的方向值。

(2)转动照准部照准第二目标(为反射棱镜的觇牌中心或标杆顶端,参见《现代测量技术》图4-16),显示该目标的水平方向值及其竖直角(或天顶距)。

5. 距离测量

进入距离测量模式(其测距方式分为单次测量、连续测量或跟踪测量,一般设置为单次测量):

(1)照准目标,需照准其棱镜中心(见《现代测量技术》图4-18)。

(2)按测距键,再选择显示模式:(HR,HD,VD)模式,显示水平方向、水平距离、仪器中心至目标棱镜中心高差;(V,HR,SD)模式,显示竖盘读数、水平方向、倾斜距离。

6. 坐标测量

进入坐标测量模式:

(1)照准后视点,先在角度测量模式下,以"置盘"方式输入测站点至后视点(即起始)方位角 α_{AM},将其作为水平度盘起始方向值,而后进入坐标测量模式。

(2)输入测站点的三维坐标(N_A、E_A、Z_A)(如无实际坐标值,可以输入其假设值)。

(3)输入仪器高 i 和目标点的棱镜高 l。

(4)瞄准目标点。照准目标点的棱镜中心,按测量键,即可显示目标点的三维坐标

(N_B、E_B、Z_B)(见《现代测量技术》图 4-19)。

(5)如果还需测定其他目标点的三维坐标,重新输入相应目标点的棱镜高 l(其他已输入的测站坐标、仪器高和起始方向值等无须重新输入),再照准该目标点按测量键进行坐标测量。

以上内容可先以盘左位置进行练习,再以盘右位置进行练习,但坐标测量时,盘右仍需先照准后视点,将其水平度盘的方向值设置为起始方位角 α_{AM},否则该方向值将自行 ±180°,从而导致结果出错。测量数据记录于表 S-15。

(五)测量完毕关机

参见《现代测量技术》第四章第五节。

五、注意事项

参见所使用全站仪的说明书。

实验八报告

实验名称:全站仪角度、距离、高程和坐标测量

实验日期________专业________年级____班级____小组____姓名____________

一、实验记录

表 S-15 全站仪测量记录

________年____月____日 天气____观测____________ 记录________ 检查____________

测站点____ N_A = ____________、E_A = ____________、Z_A = ____________ 仪器高 i = ________

后视点____ 后视方位角 α_{AM} ________________ 仪器型号____________

测 站	目标	盘位	角度 (° ′ ″)		距离/高差 (m)		坐标 (m)	
			水平角		平距		N	
		左	竖直角		斜距		E	
			天顶距		高差		Z	
	镜高 l =		水平角		平距		N	
		右	竖直角		斜距		E	
			天顶距		高差		Z	
			水平角		平距		N	
		左	竖直角		斜距		E	
			天顶距		高差		Z	
	镜高 l =		水平角		平距		N	
		右	竖直角		斜距		E	
			天顶距		高差		Z	

注:竖直角和天顶距根据选择的竖角测量模式填写其中一项;仪器屏幕上显示的符号"V"一般表示竖盘的读数,可根据盘左或盘右的竖角计算公式将其换算为目标的竖直角(参见《现代测量技术》第三章第四节)。

二、实验成果

(1) 目标________盘左、盘右观测结果：
水平角较差________；平均值为____________；高差较差________；平均值为__________；
竖直角较差________；平均值为____________；N 较差__________；平均值为__________；
平距较差__________；平均值为____________；E 较差__________；平均值为__________；
斜距较差__________；平均值为____________；Z 较差__________；平均值为__________。

(2) 目标________盘左、盘右观测结果：
水平角较差________；平均值为____________；高差较差________；平均值为__________；
竖直角较差________；平均值为____________；N 较差__________；平均值为__________；
平距较差__________；平均值为____________；E 较差__________；平均值为__________；
斜距较差__________；平均值为____________；Z 较差__________；平均值为__________。

三、实验答题

(1) 全站仪主要由____________________________、__________________________、________________________等部分组成，不仅能全部完成测站上所有的____________、________和________测量以及________________测量，还能进行____________________、____________________和____________________等工作。

(2) 本次实验使用的全站仪型号是____________，其测角精度为____；测距精度为________________________________，表示测距时的固定误差为________，比例误差为____________________________。

(3) 该型号全站仪开机后应进行水平度盘和竖直度盘初始化，就是将照准部（横向）和望远镜（纵向）各________________，以便使____________________________________和________________________自动归于零位。

(4) 该型号全站仪进行角度测量时，进入____________模式，照准零方向，按____________键"置零"，然后照准目标点，即可显示________和目标点的________；如需配置零方向的方向值，则应在照准零方向后，按____________键，输入需配置的方向值，再按________键即可，但此后照准目标点显示的是________________________________，水平角则为____，同时还可显示________________________。

(5) 该型号全站仪进行距离测量时，进入____________模式，照准目标点棱镜中心，按________键，同时显示____________、____________和________________；按________________键，可使距离的显示在________、________和________之间进行转换；显示的高差是指____。

(6) 该型号全站仪进行坐标测量时，先照准后视点，进入____________模式，按____________键，输入____________________________，再进入________________模式，输入测站点坐标、仪器高和目标点棱镜高，转动照准部照准目标点的棱镜，按________键，即可显示目标点的三维坐标________、________、________。如还需测定其他目标点的三维坐标,则需事先改变相应目标点的____________设置;当从盘左变为盘右进行坐标测量时,仍需先照准后视点,将起始方向值设置为________________。

四、存在问题

实验九　四等水准测量

一、目的

掌握四等水准测量外业观测和内业计算方法,体会等级水准测量和普通水准测量的异同点。

二、内容

每小组完成一条闭合路线的四等水准测量,每人独自完成其内业计算。

三、安排

(1)时数:课内 2 学时(内业计算课外完成);每小组 4 ~ 5 人。

(2)仪器:每组领 DS_3 型水准仪 1 台、双面水准尺 1 对、尺垫 2 只、测伞 1 把、记录板 1 块。

(3)场地:与普通水准测量相同。

四、步骤

(1)从已知 A 点出发,以四等水准测量经 B、C 点,再测回 A 点。全线计含 6 个测站,即每个测段各含 2 个测站。将有关读数和算得的测站高差记入表 S-16。

(2)整条路线观测完成后,应计算高差闭合差,其容许值为 $\pm 20\sqrt{L}$ mm(L 为全长千米数)。

(3)若高差闭合差符合要求,则将各测段内的测站高差取和成为测段高差。将三个测段的高差和测站数分别填入表 S-17,进行高差闭合差调整和计算待定点 B、C 的高程。

参见《现代测量技术》第六章第四节。

五、注意事项

(1)A 点和 B、C 点立尺不用尺垫,转点上立尺需用尺垫。

(2)每测站的观测程序为:

①照准后视尺黑面,读取下丝读数、上丝读数、中丝读数;

②照准前视尺黑面，读取下丝读数、上丝读数、中丝读数；

③照准前视尺红面，读取中丝读数；

④照准后视尺红面，读取中丝读数。

若望远镜的成像为正像，标尺读数的顺序可改为先读上丝读数，再读下丝读数。以上观测的顺序简称“后—前—前—后”，在坚实的道路或场地上观测亦可按“后—后—前—前”的顺序进行，凡中丝读数前均应使水准管气泡符合。

(3)每测站根据上述读数，需进行10项计算(见记录表格)，所有结果均符合限差要求后方能迁站。其限差如下：

等级	视线长度(m)	视线高度(m)	前后视距差(m)	前后视距累积差(m)	红黑面读数差(mm)	红黑面高差之差(mm)
四	100	三丝能读数	5.0	10.0	3.0	5.0

(4)迁站时，前视尺(连同尺垫)不动，即变为下一测站的后视尺，而将本站的后视尺调为下一站的前视尺，相邻测站前、后尺的红、黑面起始读数4.687和4.787也将随之对调。

(5)观测完毕后，还应对整个记录进行计算检核，计算检核项目见《现代测量技术》第六章第四节。

实验九报告

实验名称：四等水准测量

实验日期________专业________年级____班级____小组____姓名____________

一、实验记录

表S-16　四等水准测量记录

____年____月____日 天气____观测________ 记录______ 检查________

<table>
<tr><th rowspan="3">测站编号</th><th rowspan="3">点号</th><th>后尺 下
上</th><th>前尺 下
上</th><th rowspan="3">方向及尺号</th><th colspan="2">水准尺读数(m)</th><th rowspan="3">K+黑−红(mm)</th><th rowspan="3">高差中数(m)</th><th rowspan="3">备注</th></tr>
<tr><th>后距(m)</th><th>前距(m)</th><th rowspan="2">黑面</th><th rowspan="2">红面</th></tr>
<tr><th>前后视距差(m)</th><th>累计差(m)</th></tr>
<tr><td rowspan="4"></td><td rowspan="4"></td><td>(1)</td><td>(4)</td><td>后</td><td>(3)</td><td>(8)</td><td>(13)</td><td rowspan="4">(18)</td><td rowspan="4">K_1 =
K_2 =</td></tr>
<tr><td>(2)</td><td>(5)</td><td>前</td><td>(6)</td><td>(7)</td><td>(14)</td></tr>
<tr><td>(9)</td><td>(10)</td><td>后−前</td><td>(16)</td><td>(17)</td><td>(15)</td></tr>
<tr><td>(11)</td><td>(12)</td><td></td><td></td><td></td><td></td></tr>
</table>

续表 S-16

<table>
<tr><td rowspan="4">测站编号</td><td rowspan="4">点 号</td><td rowspan="2">后尺</td><td>下</td><td rowspan="2">前尺</td><td>下</td><td rowspan="4">方向及尺号</td><td colspan="2" rowspan="3">水 准 尺 读 数
(m)</td><td rowspan="4">K + 黑 - 红
(mm)</td><td rowspan="4">高差中数
(m)</td><td rowspan="4">备注</td></tr>
<tr><td>上</td><td>上</td></tr>
<tr><td colspan="2">后距(m)</td><td colspan="2">前距(m)</td></tr>
<tr><td colspan="2">前后视距差(m)</td><td colspan="2">累计差(m)</td><td>黑面</td><td>红面</td></tr>
<tr><td rowspan="4">1</td><td rowspan="4"></td><td colspan="2"></td><td colspan="2"></td><td>后 1</td><td></td><td></td><td></td><td></td><td></td></tr>
<tr><td colspan="2"></td><td colspan="2"></td><td>前 2</td><td></td><td></td><td></td><td></td><td></td></tr>
<tr><td colspan="2"></td><td colspan="2"></td><td>后 - 前</td><td></td><td></td><td></td><td></td><td></td></tr>
<tr><td colspan="2"></td><td colspan="2"></td><td></td><td></td><td></td><td></td><td></td><td></td></tr>
<tr><td rowspan="4">2</td><td rowspan="4"></td><td colspan="2"></td><td colspan="2"></td><td>后 2</td><td></td><td></td><td></td><td></td><td></td></tr>
<tr><td colspan="2"></td><td colspan="2"></td><td>前 1</td><td></td><td></td><td></td><td></td><td></td></tr>
<tr><td colspan="2"></td><td colspan="2"></td><td>后 - 前</td><td></td><td></td><td></td><td></td><td></td></tr>
<tr><td colspan="2"></td><td colspan="2"></td><td></td><td></td><td></td><td></td><td></td><td></td></tr>
<tr><td rowspan="4">3</td><td rowspan="4"></td><td colspan="2"></td><td colspan="2"></td><td>后 1</td><td></td><td></td><td></td><td></td><td></td></tr>
<tr><td colspan="2"></td><td colspan="2"></td><td>前 2</td><td></td><td></td><td></td><td></td><td></td></tr>
<tr><td colspan="2"></td><td colspan="2"></td><td>后 - 前</td><td></td><td></td><td></td><td></td><td></td></tr>
<tr><td colspan="2"></td><td colspan="2"></td><td></td><td></td><td></td><td></td><td></td><td></td></tr>
<tr><td rowspan="4">4</td><td rowspan="4"></td><td colspan="2"></td><td colspan="2"></td><td>后 2</td><td></td><td></td><td></td><td></td><td></td></tr>
<tr><td colspan="2"></td><td colspan="2"></td><td>前 1</td><td></td><td></td><td></td><td></td><td></td></tr>
<tr><td colspan="2"></td><td colspan="2"></td><td>后 - 前</td><td></td><td></td><td></td><td></td><td></td></tr>
<tr><td colspan="2"></td><td colspan="2"></td><td></td><td></td><td></td><td></td><td></td><td></td></tr>
<tr><td rowspan="4">5</td><td rowspan="4"></td><td colspan="2"></td><td colspan="2"></td><td>后 1</td><td></td><td></td><td></td><td></td><td></td></tr>
<tr><td colspan="2"></td><td colspan="2"></td><td>前 2</td><td></td><td></td><td></td><td></td><td></td></tr>
<tr><td colspan="2"></td><td colspan="2"></td><td>后 - 前</td><td></td><td></td><td></td><td></td><td></td></tr>
<tr><td colspan="2"></td><td colspan="2"></td><td></td><td></td><td></td><td></td><td></td><td></td></tr>
<tr><td rowspan="4">6</td><td rowspan="4"></td><td colspan="2"></td><td colspan="2"></td><td>后 2</td><td></td><td></td><td></td><td></td><td></td></tr>
<tr><td colspan="2"></td><td colspan="2"></td><td>前 1</td><td></td><td></td><td></td><td></td><td></td></tr>
<tr><td colspan="2"></td><td colspan="2"></td><td>后 - 前</td><td></td><td></td><td></td><td></td><td></td></tr>
<tr><td colspan="2"></td><td colspan="2"></td><td></td><td></td><td></td><td></td><td></td><td></td></tr>
<tr><td rowspan="3">校
核</td><td rowspan="3"></td><td colspan="4">Σ(9) =</td><td rowspan="3"></td><td colspan="3" rowspan="3">Σ(3) = Σ(8) =
Σ(6) = Σ(7) =
Σ(16) = Σ(17) =
$\frac{1}{2}$[Σ(16) + Σ(17) ±0.100] =</td><td rowspan="3">Σ(18) =</td><td rowspan="3"></td></tr>
<tr><td colspan="4">Σ(10) =</td></tr>
<tr><td colspan="4">(12)末站 =
总距离 =</td></tr>
</table>

二、实验计算

表 S-17 高差闭合差调整及待定点高程计算

计算__________检查________

点号	测站数	距离（km）	实测高差（m）	改正数（mm）	改正后高差（mm）	高程（m）
Σ						
辅助计算	f_h = $f_{h容} = \pm 20\sqrt{L}$ = （mm）					

三、实验成果

(1)此次实验中最大的测站前、后视距差为________mm,前、后视距累计差为____mm,红、黑面读数差为________mm,红、黑面高差之差为________mm,实测路线高差闭合差为________mm,说明实验成果________要求。

(2)假设A点的高程为H_A =________________m,经高差闭合差调整,算得B点的高程H_B =____________m,C点的高程H_C =____________m。

四、实验答题

(1)测站观测数据计算中,前、后视距差和前、后视距累计差的区别在于____。

(2)一对双面水准尺的红、黑面起始读数差K_1、K_2不相同,是为了____。在计算一测站的红、黑面高差之差和红、黑面高差平均数时,当____时,应在$h_{红}$前面加0.100m;当____时,应在$h_{红}$前面减0.100m。

(3)整条线路应尽量安排偶数站,其目的是____。

(4)通过实验可知四等水准测量和普通水准测量的相同点在于________________________________,不同点在于________________________________。

五、存在问题

实验十　测设点的平面位置和高程

一、目的

(1)掌握水平角、水平距离和高程测设的基本方法。

(2)熟悉建筑场地点位测设的多种方法。

二、内容

根据给定控制点 A、B 的已知坐标、已知方位角 α_{AB} 和已知水准点的高程 H_0，及两个待测设点 p_1、p_2 的设计坐标与高程(列于表 S-18)，分别按直角坐标法、极坐标法和角度交会法(两个小组合作)进行 p_1、p_2 两个点的点位测设与高程测设(见图 S-2)。

表 S-18　点位测设已知数据和设计数据表

点号	X(m)	Y(m)	H(m)	方位角 α 与水准点高程 H_{BM}
A	1 000.000	500.000	20.200	$\alpha_{AB}=90°00'00''$
B	1 000.000	530.000	20.200	$\alpha_{BA}=270°00'00''$
p_1	1 010.000	510.000	20.000	$H_{BM}=20.500$m
p_2	1 010.000	520.000	20.000	

三、安排

(1)时数:课内 4 学时(内业计算和现场测设各 2 小时);每小组 4 ~ 5 人。

(2)仪器:DJ_6 型光学经纬仪 1 台、DS_3 型水准仪 1 台、钢尺 1 把、水准尺 1 根、花杆和测钎各 1 根、锤子 1 把、木桩和小铁钉各 6 个、测伞 1 把、记录板 1 块。

(3)场地:长约 40m,宽约 30m。

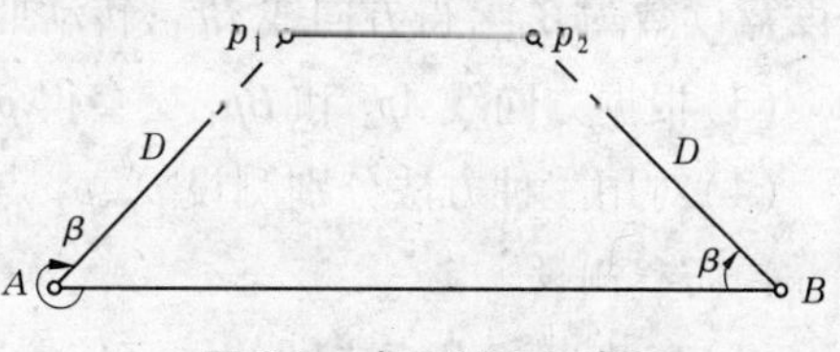

图 S-2　点位测设示意图

四、步骤

(一)内业计算

1. 直角坐标法测设数据

分别计算由测站 A 和测站 B(均以 AB 为 Y 轴)按直角坐标法测设 p_1、p_2 点的坐标增量 Δx_{ij}、Δy_{ij}，列于实验十报告表 S-19。

2. 极坐标法测设数据

分别计算由测站 A(以 AB 为零方向)和测站 B(以 BA 为零方向)按极坐标法测设 p_1、p_2 点的水平角 β_{ij} 和水平距离 D_{ij}，列于实验十报告表 S-20。

3. 角度交会法测设数据(自表 S-20 抄录)

分别计算由测站 A(以 AB 为零方向)和测站 B(以 BA 为零方向)按角度交会法测设 p_1、p_2 点的水平角 β_{ij} 和 β_{ij}(可由上述计算结果抄录),列于实验十报告表 S-21 。

(二)现场测设(两个小组合作)

首先设置控制点,沿场地一侧,间距为 30m,打两木桩,桩上钉小钉,为 A、B 两控制点(如图 S-2 所示);在 A 点附近再设一木桩为水准点 BM_O,然后进行以下测设。

1. 直角坐标法测设

(1)甲组在 A 点安置经纬仪,照准 B 点,自 A 点始沿视线方向用钢尺丈量 Δy_{Ap_1} 定 1′点;至 1′点安置经纬仪,照准 A 点,配置水平度盘为 0°00′00″,转动照准部使水平度盘读数为 90°00′00″,自 1′点始沿视线方向用钢尺丈量 Δx_{Ap_1} 定 p_1 点。

(2)乙组在 B 点安置经纬仪,照准 A 点,自 B 点始沿视线方向用钢尺丈量 Δy_{Bp_2} 定 2′点;至 2′点安置经纬仪,照准 B 点,配置水平度盘为 0°00′00″,转动照准部使水平度盘读数为 270°00′00″,自 2′点始沿视线方向用钢尺丈量 Δx_{Bp_2} 定 p_2 点。

2. 极坐标法测设

(1)甲组在 A 点安置经纬仪,照准 B 点,配置水平度盘为 0°00′00″,转动照准部使水平度盘读数为 β_{Ap_1},自 A 点始沿视线方向用钢尺丈量 D_{Ap_1} 定 p_1 点。

(2)乙组在 B 点安置经纬仪,照准 A 点,配置水平度盘为 0°00′00″,转动照准部使水平度盘读数为 β_{Bp_2},自 B 点始沿视线方向用钢尺丈量 D_{BP_2} 定 p_2 点。

3. 角度交会法测设

(1)甲组在 A 点安置经纬仪,照准 B 点,配置水平度盘为 0°00′00″,转动照准部使水平度盘读数为 β_{Ap_1},得方向线 Ap_1;转动照准部使水平度盘读数为 β_{Ap_2},得方向线 Ap_2。

(2)乙组在 B 点安置经纬仪,照准 A 点,配置水平度盘为 0°00′00″,转动照准部使水平度盘读数为 β_{Bp_1},得方向线 Bp_1;转动照准部使水平度盘读数为 β_{Bp_2},得方向线 Bp_2。

(3)根据方向线 Ap_1 和 Bp_1 交会得 p_1 点;根据方向线 Ap_2 和方向线 Bp_2 交会得 p_2 点。

(4)对用三种方法分别测设 p_1、p_2 点的不同位置进行比较,互相检核。

4. 高程测设

(1)在 A 点和 B 点之间的适宜位置安置水准仪(也可将测站设于它处,只是考虑尽量使水准测量时的前视和后视距离大致相等),在 BM_O 点上立尺,读取后视读数 a,根据 BM_O 点的已知高程 H_{BM},计算视线高程 H_1。

(2)根据 p_1、p_2 点的设计高程 H_i,计算 p_1、p_2 点上标尺应有的读数 b_i,计算数据填入实验十报告表 S-22 。

(3)依次在测设的 p_1、p_2 点处立尺,使尺上读数等于 b_i,然后将尺的底边位置用红漆线在各交点木桩上标注出来,即为该两点的设计高程。

(4)检测:重新测定 p_1、p_2 木桩上标注的红漆线高程,检测其与已知设计高程之差,连同三种方法测设的点位较差一道,记入表 S-23。

参见《现代测量技术》第四章第五节,第八章第二节、第三节。

五、注意事项

(1)设制控制点时,A、B 两点之间的距离必须精确至 cm。

(2)运用极坐标法和角度交会法测设点的平面位置时,测设的水平角均为左角。

(3)在运用坐标反算公式计算两点之间的方位角时,应注意根据分子 Δy 和分母 Δx 的符号,判别待定方向所在的象限,从而由象限角正确地换算出方位角。

(4)在用计算器进行角度或三角函数计算时,应注意角度单位的选择和角度60 进制与10 进制的转换,参见《现代测量技术》附录1。

(5)测设数据计算的正确性对点位和高程的测设至关重要,应反复计算检核,方能用于现场测设。

实验十报告

实验名称:测设点的平面位置和高程

实验日期________专业________年级____班级____小组____姓名___________

一、实验记录

(一)点位测设数据计算

1. 直角坐标法测设数据

表 S-19　直角坐标法点位测设数据计算表

测 站 (i)	目 标 (j)	零方向 (k)	纵坐标增量(m) $\Delta x_{ij}=x_j-x_i$	横坐标增量(m) $\Delta y_{ij}=y_j-y_i$
A	p_1	B		
A	p_2	B		
B	p_1	A		
B	p_2	A		

2. 极坐标法测设数据

表 S-20　极坐标法点位测设数据计算表

测 站 (i)	目 标 (j)	零方向 (k)	方 位 角 $\alpha_{ij}=\arctan\dfrac{y_j-y_i}{x_j-x_i}$	水平角 $\beta_{ij}=\alpha_{ij}-\alpha_{ik}$	水平距离(m) $D_{ij}=\sqrt{(x_j-x_i)^2+(y_j-y_i)^2}$
A	p_1	B			
A	p_2	B			
B	p_1	A			
B	p_2	A			

3. 角度交会法测设数据(自表 S-20 抄录)

表 S-21 角度交会法点位测设数据计算表

测 站 (i)	目 标 (j)	零方向 (k)	水平角 $\beta_{ij}=\alpha_{ij}-\alpha_{ik}$	测 站 (i)	目 标 (j)	零方向 (k)	水平角 $\beta_{ij}=\alpha_{ij}-\alpha_{ik}$
A	p_1	B		B	p_1	A	
A	p_2	B		B	p_2	A	

(二)高程测设计算

表 S-22 高程测设记录

____年____月____日 天气____观测________记录________检查________

水准点________水准点高程________

点号	后视读数(m)	视线高程(m)	设计高程(m)	前视应有读数(m)
p_1				
p_2				
p_3				
p_4				

(三)点位和高程测设的检测

表 S-23 点位和高程测设检测记录

____年____月____日 天气____观测________记录________检查________

测站____后视____水准点________水准点高程________

点号	三种方法所得点位最大较差(mm)		$p_1 \sim p_2$ 之间距(m)			H(m)		
	X 方向	Y 方向	已 知	实 测	较差	设计	实测	较差
p_1								
p_2								

二、实验答题

(1)测设点的平面位置和高程都必须遵循测量工作____的基本原则。

(2)点位测设的直角交会法一般适用于____________________,角度交会法一般适用于____________________,极坐标法一般适用于____________________。

(3)测设点位时要求测站至后视控制点的距离尽量长,其目的是为了____。

(4)测设点的高程,如果视线至桩顶的高度与前视应有读数相差较大时应____。

(5)安置一次水准仪,同时测设多个点的高程,不同点的前视距离和后视距离难免相差较大,应在测设前仔细进行________________________________。

三、存在问题

实验十一　全站仪放样测量

一、目的

练习用全站仪测设角度、距离和点位三维坐标的方法。

二、内容

(1)仍根据控制点 A、B,用全站仪先按极坐标法测设角度和距离放出 p_1、p_2 两点,再按坐标法直接测设坐标,对所放的点位进行检测(见图 S-2)。

(2)控制点的已知坐标、待测设 p_1、p_2 两点的设计坐标及按极坐标法的测设数据计算同实验十。

三、安排

(1)时数:课内 2 学时。

(2)仪器:全站仪 1 台(包括反射棱镜、棱镜架或棱镜杆)、测伞 1 把、记录板 1 块。

(3)场地:同实验十。

四、步骤

(一)测设数据准备

与实验十相同,仍可使用表 S-19、表 S-20 及表 S-21 的计算结果。

(二)安置全站仪及棱镜架(或棱镜杆)

在测站上安置全站仪,对中、整平方法与实验八相同,在放样的大致位置竖立棱镜杆。

(三)仪器操作

1. 开机自检

打开电源,进入仪器自检,纵转望远镜和转动照准部各一周,进行竖直度盘和水平度盘初始化。

2. 选定模式

先选择角度测量模式或放样测量模式,按极坐标法进行角度测设和距离测设。

3. 角度测设

1) 方法一

采用角度测量模式：

(1) 照准零方向目标，将其水平读数置零。

(2) 转动照准部，使水平读数等于所需测设的水平角。

(3) 在望远镜视线方向竖立标杆或测钎，即得所测设角度。

(4) 重复上述步骤 2 ~ 3 次，取平均位置，以提高角度测设的精度。

2) 方法二

采用放样测量模式：

(1) 进入角度测量模式，照准起始目标，将其水平读数置零。

(2) 进入放样测量模式，输入需要测设的水平角值 β，并自零方向起始在大致等于 β 角的方向上竖立标杆。

(3) 转动照准部照准标杆，根据显示屏显示的角差 dHR = 实测角值 β' − 所需角值 β，左右移动标杆，直至显示的 dHR 为 0，即得所测设角度。

(4) 重复测设，取其平均位置。

4. 距离测设

采用放样测量模式：

(1) 输入需要测设的水平距离 D，并在所需测设距离的方向上距离大致等于 D 的位置竖立棱镜杆。

(2) 照准棱镜中心，按测量键，根据显示屏显示的距离差 dHD = 实测距离 − 所需距离 D，前后移动棱镜杆，直至距离差为 0，即得所需距离。

(3) 重复上述步骤 2 ~ 3 次，取平均位置，以提高距离测设的精度。

依次重复角度测设的(2)、(3)、(4)和距离测量的(1)、(2)、(3)步骤，逐一标定 p_1 和 p_2 点。

5. 坐标测设

采用放样测量模式，通过键盘输入测站点和待测设点的三维坐标测设点位和高程：

(1) 进入角度测量模式，照准零方向目标，将水平度盘读数配置为起始方位角值。

(2) 进入放样测量模式，输入测站点的三维坐标(X_O、Y_O、H_O)及仪器高。

(3) 输入待测设点的三维坐标(X、Y、H)及棱镜高。

(4) 在待测设点大致位置竖立棱镜杆，转动照准部照准棱镜中心，按测量键，根据显示屏显示的角差 dHR = 实测角值 β' − 所需角值 β，左右移动标杆直至显示的 dHR 为 0，即得所测设坐标的方向；根据显示屏显示的距离差 dHD = 实测距离 − 所需距离 D，前后移动棱镜杆直至显示的距离差为 0，即得所测设坐标的距离；根据显示屏显示的高差差值 dZ = 实测高差 − 所需高差 h，上下改变棱镜的高度直至显示的 dZ 为 0，即得所测设坐标点的高程。

(5) 重复上述(3)、(4)步骤，逐一测设 p_1、p_2 两点位。

全站仪坐标法测设点位时的测站点和待测设点的三维坐标输入，也可以采用建立和调用控制点坐标数据文件和测设点坐标数据文件的方法，参见本书第三部分测量实训指导建筑施工测量之“建筑物定位”。

6. 测设检核

将测设的 p_1、p_2 两点位和上述按极坐标测设的同点位进行比较，得各点坐标差 Δx、Δy，并将按坐标法同时测设的 p_1、p_2 点高程与实验十按水准测量测设的该两点高程进行比较，得高程差 ΔH，填入表 S-25。

参见《现代测量技术》第八章第二节、第三节及所使用全站仪的说明书。

五、注意事项

同实验八和实验十。

实验十一报告

实验名称：全站仪放样测量

实验日期________专业________年级____班级____小组____姓名____________

一、实验记录

1. 点位测设数据

将实验十表 S-18 和表 S-20 中的有关数据抄入表 S-24。

表 S-24　全站仪测设点位数据表

测站________ X = ____________、Y = ____________仪器高________棱镜高________

后视________ X = ____________、Y = ____________后视方位角____________________

点号	设计坐标			测设数据	
	X(m)	Y(m)	H(m)	β_i(° ′ ″)	D_{Ai}(m)
p_1					
p_2					
p_3					
p_4					

2. 点位检测记录

将 p_1、p_2 两点位分别按极坐标法和坐标放样法测设的坐标差 ΔX、ΔY，及按坐标法同时测设的 p_1、p_2 点高程与实验十按水准测量测设的该两点高程比较所得高程差 ΔH，填入表 S-25。

表 S-25　点位测设检测记录

点位	ΔX(cm)	ΔY(cm)	ΔH(cm)	备注
p_1				
p_2				
p_3				
p_4				

二、实验答题

通过测设角度和距离放样点位,依据的是________法,通过直接测设坐标放样点位,在测设其平面坐标时依据的仍是________法,而在测设其高程时依据的是__________法, 两种坐标放样方法比较而言,通过测设角度和距离放样点位的优、缺点是____,通过直接测设坐标放样点位的优、缺点是____。

三、存在问题

第二部分　测量习题课指导

习题课一　水准测量内业计算

一、目的

掌握路线水准测量的内业计算方法。

二、题目

一附合水准路线包含四个测段，水准点 BM_A 和 BM_B 的已知高程分别为 $H_A = 136.742$m、$H_B = 137.329$m，各测段距离长和测段高差观测值如图 S-3 所示，试在表 S-26 内进行高差闭合差的调整和所有未知点高程的计算。

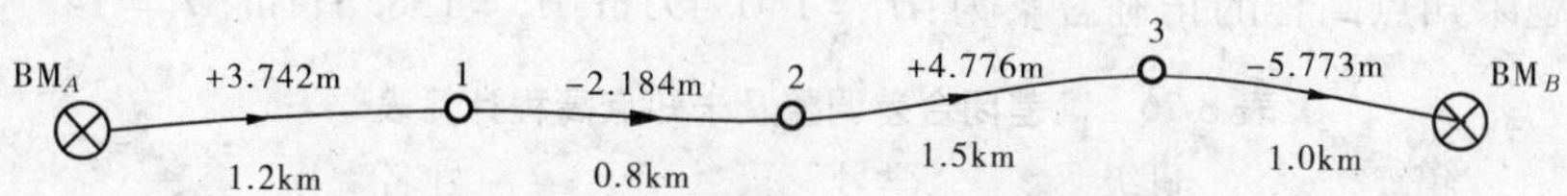

图 S-3　附合水准路线已知数据和观测数据

三、安排

课内 1 学时。

四、内容

(1)将已知数据和各测段观测数据填入表 S-26“高差闭合差调整及未知点高程计算表”；

(2)计算该附合路线的高差闭合差及其容许值，填入辅助计算栏：

$$f_h = \sum h_{测} - (H_{终} - H_{始}) \tag{6}$$

$$f_{h容} = \pm 40\sqrt{L}\text{mm} \tag{7}$$

(3)高差闭合差调整：若高差闭合差绝对值小于其容许值，即将高差闭合差反号按与各测段距离 L_i 成正比计算各测段高差改正数(i 为各测段序号)，填入表 S-26 第(5)栏：

$$\Delta h_i = -\frac{f_h}{\sum L} \cdot L_i \tag{8}$$

(4)计算各未知点高程：将各测段观测高差与高差改正数相加即得该测段改正后高差，再由 H_A 起始，逐一计算各未知点高程，填入表 S-26 第(7)栏。

五、注意事项

(1)本题已知各测段的距离,说明水准测量在平坦地区进行,将距离填入第(2)栏(第(3)栏空)。若在丘陵地区进行,则应将各测段的测站数 n 填入表 S-26 内第(3)栏(第(2)栏空),高差闭合差容许值的计算公式亦应改为:

$$f_{h容} = \pm 12\sqrt{n}\,\text{mm} \tag{9}$$

参见《现代测量技术》第二章第三节。

(2)第(5)栏最后一行算得的高差改正数之和应与高差闭合差绝对值相等,符号相反,可用于对各测段高差改正数的复核计算;如果由于高差闭合差调整计算中的凑整误差使改正数之和与闭合差的绝对值不完全相等而出现小的差数时,可将其差数凑到某测段的改正后高差中,从而使改正数之和与闭合差绝对值完全相等。

(3)第(7)栏最后一行应计算出终端水准点的高程,且与其已知高程值相比较,二者亦应完全相等。

(4)闭合水准路线的计算方法和步骤与附合水准路线相同,但其高差闭合差的计算有所不同,参见《现代测量技术》第二章第三节。

(5)本题未知点高程的正确答案为:$H_1 = 140.491\text{m}$,$H_2 = 138.311\text{m}$,$H_3 = 143.096\text{m}$。

表 S-26　高差闭合差调整及未知点高程计算表

专业________年级________班级________学号______________姓名______________

点 号	距 离 (km)	测站数 n	实测高差 (m)	改正数 (mm)	改正后高差 (mm)	高程 (m)
(1)	(2)	(3)	(4)	(5)	(6)	(7)
辅助计算	$f_h =$ $f_{h容} =$　　　　(mm)					

习题课二　导线测量内业计算

一、目的

掌握导线测量的内业计算方法。

二、题目

《现代测量技术》第六章练习题第 1 题：已知闭合导线 1 点坐标 $x_1 = 500.00\text{m}$，$y_1 = 500.00\text{m}$；方位角 $\alpha_{12} = 125°30'00''$；观测数据如表 S-27 附图所示，试填表计算所有未知导线点坐标。

三、安排

课内 2 学时。

四、内容

（1）将已知数据和观测数据填入表 S-27“导线闭合差调整及坐标计算表”（本次计算已填入）。

（2）计算该闭合导线的角度闭合差及其容许值，填入辅助计算栏。

$$f_\beta = \sum_{i=1}^{n} \beta_i - (n-2) \times 180° \tag{10}$$

$$f_{\beta_{允}} = \pm 60'' \sqrt{n} \tag{11}$$

（3）角度闭合差调整：若角度闭合差小于其容许值，即将角度闭合差反号平均分配，得各观测角改正数填入各观测角右上方，由此算得改正后观测角，填入第(3)栏。

（4）计算各未知边方位角，填入第(4)栏，其公式为：

$$\alpha_{前} = \alpha_{后} + \beta_{左} \pm 180° \tag{12}$$

（5）计算各边纵、横坐标增量，填入第(6)、(7)栏，其公式为：

$$\left.\begin{aligned} \Delta x' &= D \cdot \cos\alpha \\ \Delta y' &= D \cdot \sin\alpha \end{aligned}\right\} \tag{13}$$

（6）计算该闭合导线的坐标增量闭合差、全长闭合差和全长相对闭合差，填入辅助计算栏，其公式为：

$$\left.\begin{aligned} f_x &= \sum_{i=1}^{n-1} \Delta x'_i \\ f_y &= \sum_{i=1}^{n-1} \Delta y'_i \end{aligned}\right\} \tag{14}$$

$$f = \pm \sqrt{f_x^{\ 2} + f_y^{\ 2}} \tag{15}$$

$$K = \frac{|f|}{\sum D} = \frac{1}{\sum D / |f|} \tag{16}$$

(7)坐标增量闭合差的调整:若全长相对闭合差小于其容许值,则将坐标增量闭合差反号,按与各边边长成正比的原则分配,即按式(17)计算各边坐标增量改正数,填入第(6)、(7)栏纵、横坐标增量的右上方,由此计算各边改正后坐标增量填入第(8)、(9)栏:

$$\left.\begin{aligned} v_{xi} &= -\frac{f_x}{\sum D}\cdot D_i \\ v_{yi} &= -\frac{f_y}{\sum D}\cdot D_i \end{aligned}\right\} \tag{17}$$

(8)计算各未知点坐标,填入第(10)、(11)栏。

五、注意事项

(1)点号自1、2 点开始,按逆时针顺序填入第(1)栏,以使观测角既是内角,又是左角。

(2)由于根据已知方位角 α_{12},从 α_{23} 开始,依次计算各待定边方位角,首先用到的观测角是 β_2,因此观测角由2 号点开始往下填。而将 β_1 填入第(2)栏最后一行,可用于对12 边方位角的复核计算。

(3)方位角计算公式中,若 $\alpha_{后}+\beta_{左}>180°$,±180°前应取“-”号,反之应取“+”号。

(4)坐标增量的计算中,$\Delta x'_i$、$\Delta y'_i$ 前面的符号取决于 $\cos\alpha$ 和 $\sin\alpha$ 的符号,因此首先应根据该边方位角 α 所在的象限,确定 $\cos\alpha$ 和 $\sin\alpha$ 的正、负号。

(5)全长相对闭合差不应表示为小数或一般的分数,而应将其计算结果化为分子为1,分母为整数(一般凑整至百位)的分数。

(6)在角度闭合差和坐标增量闭合差的调整中,由于计算凑整误差使改正数之和与闭合差的绝对值不完全相等时,可将其差数凑到某个角的观测值或某条边的坐标增量中,从而使各项改正数之和与相应的闭合差绝对值完全相等。

(7)除上述方位角的计算中,应在第(4)栏最后一行对 α_{12} 进行复核外,在待定点的坐标计算中,应在第(10)、(11)栏最后一行对起始点的 x、y 进行复核,以验证计算的正确性。

(8)在用计算器进行角度和三角函数的有关计算时,应注意角度单位的选择(必须是DEG,即度分秒制)、角度60 进制与10 进制的转换(按60 进制输入,转换为10 进制运算,角度的运算结果再转换为60 进制)。

(9)如果需要根据两个已知点坐标进行反算获得起始方位角时,计算器上显示的运算结果一般是象限角,应根据两点之间坐标增量 $\Delta x'$、$\Delta y'$的“+”、“-”号判别所在象限,从而将象限角化为方位角。

(10)附合导线计算的方法和步骤与闭合导线相同,但其角度闭合差和坐标增量闭合差的计算有所不同,参见《现代测量技术》第六章第二节。

(11)本题及习题课三、四题目的正确答案见《现代测量技术》附录2。

表 S-27　导线闭合差调整及坐标计算表

专业________年级________班级________学号________姓名________

点号	观测角 β (° ′ ″)	改正后 β 角值 (° ′ ″)	方位角 α (° ′ ″)	距离 D (m)	纵坐标增量 $\Delta x'$ (m)	横坐标增量 $\Delta y'$ (m)	改正后 Δx (m)	改正后 Δy (m)	纵坐标 x (m)	横坐标 y (m)
(1)	(2)	(3)	(4)	(5)	(6)	(7)	(8)	(9)	(10)	(11)
1									500.00	500.00
			125 30 00	105.22						
2	107 48 30									
				80.18						
3	73 00 20									
				129.34						
4	89 33 50									
				78.16						
1	89 36 30								500.00	500.00
			125 30 00							
2										
总和										

辅助计算			
辅助计算	$\sum\beta_{测} =$ $\sum\beta_{理} = (n-2)\times 180° =$ $f_\beta =$ $f_{\beta允} = \pm 60''\sqrt{n} =$	$f_x =$　　　, $f_y =$ $f_D = \pm\sqrt{f_x^2 + f_y^2} =$ $K =$ $K_{允} = \frac{1}{2\ 000}$	附 图:

$\alpha_{12}=125°30'00''$

1
2
3
4
78.16m
129.34m
80.18m
105.22m
89°33′50″
89°36′30″
73°00′20″
107°48′30″

习题课三　地形图应用

一、目的

掌握地形图基本应用和在施工中应用的一般方法。

二、题目

《现代测量技术》第七章练习题第 2 题:试在该题附图 7-32 所示 1∶1 000 局部地形图中完成有关地形图基本应用和施工应用的练习。

三、时数

课内 2 学时。

四、内容

(1)按图解法,在图上直接量取 M、N 两点的坐标分别为 x_M = ____________、y_M =

____________;x_N = ____________、y_N = ____________。

(2)按图解法,在图上直接量取 M、N 之间的方位角 α_{MN} = ____________,水平距离 D_{MN} = ____________(应根据实际比例尺分母,将图上距离化为实地距离)。

(3)按解析法,将 M、N 的坐标代入以下公式,计算两点之间的水平距离和方位角(对图解法的结果进行检核):

$$\alpha_{MN} = \arctan\frac{(y_N - y_M)}{(x_N - x_M)} =$$

$$D_{MN} = \sqrt{(x_N - x_M)^2 + (y_N - y_M)^2} =$$

(4)按内插法,图上按比例内插得 M、N 两点的高程分别为 H_M = ______________, H_N = ______________________,计算得 M、N 的地面坡度为 $i = (H_N - H_M)/D_{MN}$ 为 ____________%。

(5)试从图上 P 点出发,选定一条设计坡度 $i = +8\%$ 至火车站 Q 的最佳路线。

首先计算满足该坡度要求的路线通过图上相邻等高线的最短平距:

$$d = \frac{h}{i \cdot M} =$$

式中 h——等高距;

i——设计坡度;

M——比例尺分母。

然后按《现代测量技术》第七章第四节介绍的方法,选择最佳路线。

(6)绘制 $D_1(x=160, y=100) \sim D_8(x=160, y=240)$ 方向的纵断面图(于图 S-4)。

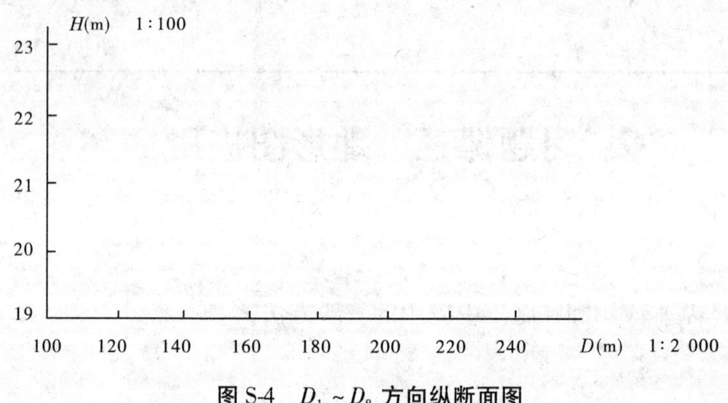

图 S-4 $D_1 \sim D_8$ 方向纵断面图

①在地形图上依次量取 $D_1 \sim D_8$ 横向格网线与所穿过等高线交点之间的水平距离,在图 S-4 的横向坐标轴上,根据点间距按1: 2 000比例尺,逐一展出各交点位置;

②自横轴上各点起始,根据横轴起始高程和各交点所在等高线的高程,沿竖向按1: 100比例尺,逐一展出各交点高程所在的位置;

③以光滑曲线连接各交点高程所在点位,即得该横向格网线方向的纵断面图。

(7)将直线 D_6、D_8 与高程为22m 等高线所包围的地区(《现代测量技术》图 7-32 中阴影部分),按填方与挖方平衡的要求,计算场地平整土方量。

①将图上阴影部分放大,并在其上蒙绘小型方格网(10 行 ×10 列,计 100 个方格,如

图 S-5 所示)。

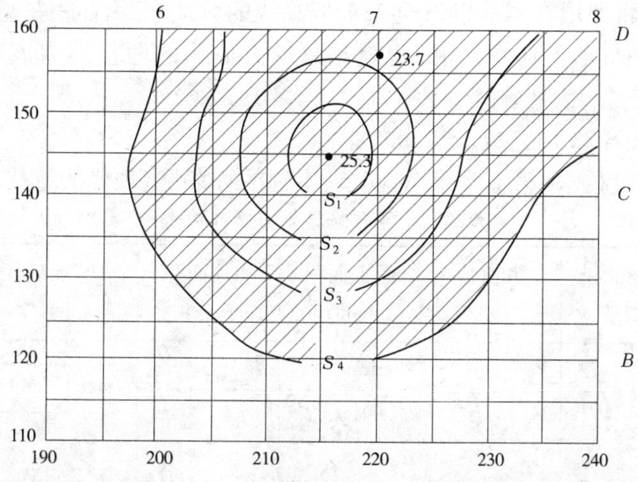

图 S-5　格网法量算等高线所围面积

②按“透明格网法”在图 S-5 上逐一求出各条等高线与直线 D_6D_8 所围阴影部分的方格数(完整方格数 + 边界线上非完整方格凑成完整的方格数)n_{Hi}。

③计算各条等高线与直线 D_6D_8 所围阴影部分的实地面积:

$$A_{实H_i} = A_{G实} \times n_{H_i} \quad (m^2) \tag{18}$$

式中,$A_{G实}$ 系为避免图纸或比例尺的缩放误差,而根据图上坐标格网的注记直接得到的每方格对应的实地面积,由图 S-5 可见,本例 $A_{G实} = 25m^2$。

④按下式计算各相邻等高线之间的体积:

$$V_i = \frac{A_{实H_i} + A_{实H_{i+1}}}{2} \times h \tag{19}$$

式中　h——等高距,本例为 1m。

山坡顶部至 25m 等高线之间的体积:

$$V' = \frac{A_{实25}}{3} \times h' \tag{20}$$

式中　$A_{实25}$——25m 等高线所围的实地面积;

h' = 坡顶高程 25.3 − 25.0 = 0.3(m),因近似锥形,所以其分母为 3。

⑤累加即得阴影部分总体积 V。

⑥将总体积除以 22m 等高线与直线 D_1D_8 所围成的面积,即得零线与 22m 等高线之间的高差 $h_{22\sim0}$:

$$h_{22\sim0} = \frac{V}{A_{实22}} \tag{21}$$

则零线高程:

$$H_0 = h_{22\sim0} + 22.0 \tag{22}$$

⑦根据 H_0 在图上内插零线,并量算零线与直线 D_1D_8 所围成的面积,再计算零线与其上相邻等高线之间的体积(注意:该体积之高为零线高程与该等高线之间的高差)。

⑧与其上相邻等高线至坡顶的体积累加，得零线至坡顶的总体积，即为总的挖方体积，这部分的挖土将回填在零线以下至22m等高线的坡地上，因而也是总的填方体积。

⑨取挖方体积与填方体积之和，也就是总挖方体积的两倍即为该平整场地的总土方量。

有关计算在表S-28内完成。

参见《现代测量技术》第七章第三、四节，本题的答案见《现代测量技术》附录2。

表S-28　平整场地土方量计算表

项目	等高线高程 H	方格数 n	图上面积 (m^2)	实地面积 (m^2)	高差 h (m)	体积 (m^3)
分层体积计算						
合计						
零线高程计算						
零线以上体积计算						
合计						

注：表内下半部分第1行填零线高程及其方格数和实地面积；第2行填零线以上相邻等高线的高程及其方格数和实地面积，计算并填入零线和该等高线之间的体积；第3行将根据表内上半部分的有关数据累计得到的相邻等高线至坡顶的体积填入最右边一栏；得合计体积即为总挖方量。

习题课四　带有缓和曲线的圆曲线放样的细部点坐标计算

一、目的

掌握曲线测设的全站仪坐标法中，带有缓和曲线的圆曲线放样的细部点坐标计算的方法。

二、题目

《现代测量技术》第十章练习题第3题：已知线路直缓点ZH至交点JD的方位角$\alpha_{始}=243°27'18''$，交点坐标$x_{JD}=2\ 088.273$m、$y_{JD}=1\ 535.011$m、交点里程桩为K3+617.86，线路转角（左角）$\alpha=8°46'39''$，设计圆曲线半径$R=1\ 500$m，缓和曲线长$l_0=100$m（参见《现代测量技术》第十

章第三节 图10-17)，曲线主点和部分细部点桩号已列于表S-29内，在附近导线点上用全站仪坐标法同时测设曲线的主点和细部点，试计算所有主点和细部点的测量坐标(曲线的前半段以直缓点 ZH 为测站测设，后半段以缓直点 HZ 为测站测设)。

三、时数

课内2学时。

四、内容

1. 缓和曲线常数计算

$$\begin{cases} m = \dfrac{l_0}{2} - \dfrac{l_0^3}{240R^2} = \\ p = \dfrac{l_0^2}{24R} = \\ \beta_0 = \dfrac{l_0}{2R} \cdot \rho = \end{cases} \tag{23}$$

2. 带有缓和曲线的圆曲线要素计算

$$\begin{cases} T' = m + (R + p) \cdot \tan \dfrac{\alpha}{2} = \\ L' = \dfrac{\pi R(\alpha - 2\beta_0)}{180^\circ} + 2l_0 = \\ E' = (R + p)\sec \dfrac{\alpha}{2} - R = \\ q' = 2T' - L' = \\ L = \pi R(\alpha - 2\beta_0)/180^\circ = \end{cases} \tag{24}$$

3. 缓和曲线和圆曲线上点的切线坐标计算

以曲中点 QZ 为界，将整个曲线分成前后两半段，在曲线两端建立两个切线坐标系，按下式分别计算前、后半段曲线上的主点和细部点在各自切线坐标系中的坐标 x_i、y_i。

(1)缓和曲线段点的切线坐标(参见《现代测量技术》第十章第三节图10-18)

$$\begin{cases} x_i = l_i - \dfrac{l_i^5}{40R^2 l_0^2} = \\ y_i = \dfrac{l_i^3}{6Rl_0} = \end{cases} \tag{25}$$

将 $l_i = l_0$ 代入式(25)，得缓和曲线终点(缓圆点)HY 的切线坐标：

$$\begin{cases} x_0 = l_0 - \dfrac{l_0^3}{40R^2} = \\ y_0 = \dfrac{l_0^2}{6R} = \end{cases} \tag{26}$$

(2)圆曲线段点的切线坐标

$$\begin{cases} x_i = R\sin\alpha_i + m = \\ y_i = R(1 - \cos\alpha_i) + p = \end{cases} \tag{27}$$

式中 $\alpha_i = \frac{180°}{\pi R}(l_i - l_0) + \beta_0 =$

m、p、β_0 为按式(23)计算的缓和曲线常数。

(3)依据《现代测量技术》第十章第三节介绍的规则确定 x_i、y_i 的符号,计算结果列入表 S-29。

表 S-29 带有缓和曲线的圆曲线上点的坐标计算表

专业________年级____班级____学号____________姓名____________

点号	弧长(m)	里程(m)	切线 x_i(m)	切线 y_i(m)	测量 X_i(m)	测量 Y_i(m)	主点号
1	0	K3 +452.72					ZH
2	47.28	K3 +500.00					
3	77.28	K3 +530.00					
4	100.00	K3 +552.72					HY
5	127.28	K3 +580.00					
6	147.28	K3 +600.00					
7	164.90	K3 +617.62					QZ
8	197.28	K3 +650.00					
9	229.80	K3 +682.52					YH
10	247.28	K3 +700.00					
11	287.28	K3 +740.00					
12	329.80	K3 +782.52					HZ

4. 曲线上点的切线坐标转换为测量坐标的计算

根据曲线起点 ZH 和交点 JD 的测量坐标、线路的右转角 $\alpha_{右}$ 及曲线的切线长 L',推算得曲线终点 HZ 的测量坐标和曲线起点与终点的切线在测量坐标系中的方位角分别为:

终点 HZ:$X_{HZ} =$ 、$Y_{HZ} =$

起点 ~ JD:$\alpha_{起} =$

终点 ~ JD:$\alpha_{终} =$

依据式(28)分别将前后半段曲线上点的切线坐标转换为同一测量系中的坐标 X_i、Y_i,在进行前半段曲线换算时,式(28)中的 $x_{O'} = X_{ZH}$、$y_{O'} = Y_{ZH}$、$\alpha = \alpha_{起}$;在进行后半段曲线换算时,式(28)中的 $x_{O'} = X_{HZ}$、$y_{O'} = Y_{HZ}$、$\alpha = \alpha_{终}$,计算结果亦列入表 S-28。

$$\left.\begin{aligned} x_p &= x_{O'} + A_p\cos\alpha - B_p\sin\alpha \\ y_p &= y_{O'} + A_p\sin\alpha + B_p\cos\alpha \end{aligned}\right\} \tag{28}$$

参见《现代测量技术》第十章第三节。

第三部分　测量实训指导

一、实训性质、任务和基本要求

测量实训是测量课程的实践教学环节的重要组成部分，其主要任务是使学生加深对课堂所学测量基本理论的理解，系统地掌握常见测量仪器的使用和基本测量、控制测量、施工测量的基本方法，进一步培养学生的实践操作能力和在施工测量中分析问题、解决问题的能力。

学生通过本实训应做到：加深对测量基本理论的理解；进一步掌握或了解一般测量仪器的使用和检验方法、三种基本测量工作的外业观测和内业计算能力、小区域从控制测量到碎部测量的全过程，及一般工程施工测量和变形监测的作业技能和计算方法，与此同时，在实践中培养高度的责任感、认真的作业态度、不怕艰苦的工作作风和良好的团队精神。

二、实训主要内容

实训主要内容包括三种基本测量工作作业技能的训练，小区域平面和高程控制测量建立全过程的理解，小块地形图测绘的熟悉，建筑、道路、隧道施工测量和变形监测一般方法的掌握等，具体内容如下：

(1) DS_3 型水准仪的组成和使用；

(2) DJ_6 型光学经纬仪的组成和使用；

(3)全站仪的组成和使用；

(4)闭合水准测量外业观测和内业计算；

(5)闭合导线测量外业观测和内业计算；

(6)小区域大比例尺地形图测绘；

(7)一般建筑施工点位测设与检核；

(8)施工场地平整测量和道路坡度测设；

(9)高层建筑施工轴线投测和高程传递；

(10)高层建筑物倾斜观测；

(11)道路中心线圆曲线测设；

(12)模拟隧道贯通段的贯通方向、距离和坡度测设。

三、时间、场地和人员组织

实训 2 学分，两周(10 个工作日)，计 36 学时；

场地：测量实训场；

人员组织：每小班分若干小组，每小组 5 ~ 6 人，设正、副组长各 1 人。

四、作业时间分配

表 S-30　各项目作业内容和时间分配表

序号	作业项目	作业内容	工作日
1	布置任务、选点、领仪器	现场踏勘选点	0.5
2	检验仪器	检验水准仪和经纬仪	0.5
3	闭合水准测量外业	按四等水准施测	0.5
4	闭合导线测量外业	按图根导线施测	1.0
5	内业计算和测图准备	水准、导线计算和展绘控制点	1.0
6	小块地形图测绘	测 1: 500 地形图(20cm × 20cm)1 幅	1.5
7	建筑物定位	测设矩形建筑物四周角点点位	0.5
		测设椭圆形建筑物轮廓线特征点点位	0.5
8	平整场地测量	施工场地平整测量	0.5
		平整场地土方量计算	0.5
9	高层轴线投测和高程传递	向多层楼上投测轴线和传递高程	0.5
10	坡度测设和倾斜观测	测设道路坡度和测定建筑物倾斜度	0.5
11	圆曲线测设	弦线偏角法测设道路圆曲线	0.5
12	模拟隧道贯通测量	模拟隧道的贯通方向、距离和坡度测设	0.5
13	测量新仪器、新技术介绍		0.5
14	操作考核、上交成果		0.5
15	合 计		10.0

五、领用仪器

实训使用仪器领借与归还。

各组领借：DS_3 型水准仪 1 台、DJ_6 光学经纬仪 1 台、钢尺 1 把、水准尺 2 根、塔尺 1 根、标杆 1 根、半圆量角器 1 副、测钎 2 副、皮尺 1 把、工具包 1 个、木桩若干，以上仪器、工具实习结束前归还，此外各组自备 A3 图纸 1 张。

如条件允许，在进行建筑物点位测设作业前，领借全站仪、棱镜（附棱镜脚架）各 1 套，用完即归还。

六、具体作业内容和技术要求

（一）仪器检验

1. DS_3 型水准仪检校

(1)圆水准轴检验和校正；

(2)十字丝横丝检验和校正；

(3)水准管轴检验和校正。

具体方法参见《现代测量技术》第二章第四节。

2. DJ_6 型光学经纬仪检校

(1)照准部水准管轴检验和校正；

(2)视准轴检验和校正；

(3)横轴检验和校正；

(4)十字丝竖丝检验和校正；

(5)竖盘指标水准管轴检验和校正。

仪器检验和校正的数据和结果填入相应的仪器检验和校正记录。

具体方法参见《现代测量技术》第三章第五节。

(二)平面控制测量

每小组在一场地四周，按图根导线的技术要求布设一条闭合导线(见图 S-6)，假设 1 号点为已知点，1 号点至远处某目标 A 的方位角为已知方位角，其坐标 x_1、y_1 和方位角 α_{1A} 可根据实地情况予以设定。

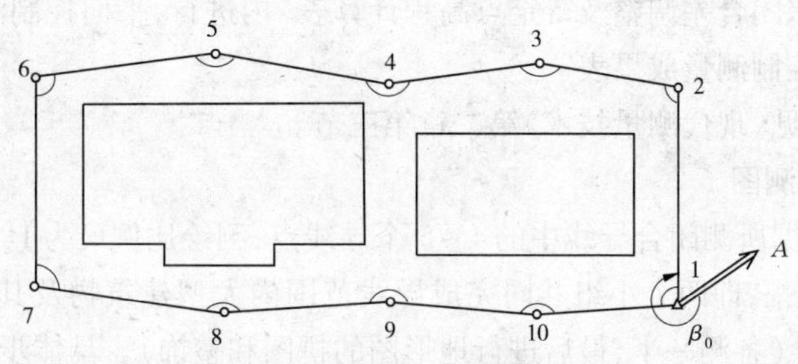

图 S-6　闭合导线布设

说明：该场地最好拥有两幢多层建筑，四周有道路所围，而在两幢建筑之间有通道，与两端道路相连，从而可将两个导线点如 4 号点与 9 号点设置于通道与道路的交叉口，以便后面用于施工测量的"模拟隧道贯通测量"。作业的具体步骤为：

(1)踏勘选点。导线沿建筑物四周的道路边布设，含 8 ~ 10 个导线点，边长为 50 ~ 100m，点位一般设在道路交叉口、建筑物外墙拐角或门厅、过道附近，通过实地踏勘选定。

(2)水平角观测。导线的转折角用经纬仪测回法按导线前进方向观测左角(即闭合导线内角)1 个测回，仪器使用光学对点器对中，误差应小于 1mm，整平时水准管气泡偏移应小于 1 格，盘左、盘右两个半测回水平角之差应不超过 ±40″。

(3)边长测量。导线的边长用钢尺进行往返丈量，往返丈量较差的相对误差应小于等于 1/3 000(亦可用全站仪同时进行水平角测量和边长测量)。

(4)连接测量。在导线的已知点 1 上同时观测连接已知方向 1A 的连接角 β_0。

(5)内业计算。对外业观测成果予以检查，若符合要求，即进行导线的闭合差调整和坐标计算。导线的角度值及方位角值取至秒；边长取至毫米，最后坐标取至厘米，导线角度闭合差应不超过 $\pm 60''\sqrt{n}$，式中 n 为导线转折角个数，导线的全长相对闭合差应小于等于 1/2 000。

计算在“导线闭合差调整及坐标计算表”内进行。

具体方法参见《现代测量技术》第六章第二节。

（三）高程控制测量

以闭合导线的所有导线点作为高程控制点，按四等水准测量的技术要求完成一条闭合路线的水准测量（对地形图测绘而言，其图根高程测量按普通水准测量的精度要求即可，这里主要是为了兼顾四等水准测量技能和方法的训练）。闭合水准路线应与已知水准点相连测，若无水准点，可假设其中 1 个点（如 1 号点）为已知点，其高程可根据实地情况予以设定。

（1）观测。采用双面尺法，每测站 8 项读数，10 项计算，符合限差要求方可搬站。设站时，应将仪器安置在前、后视距大致相等处，凡以中丝对前、后标尺读数前，均应旋转微倾螺旋使符合气泡居中。

（2）计算。对外业观测成果予以检查，若符合要求，即进行水准路线的闭合差调整和高程计算。路线高差闭合差的容许值为 $f_{h容} = \pm 20\sqrt{L}$mm，式中 L 为路线全长千米数。

计算在“高差闭合差调整及待定点高程计算表”内进行，平面控制测量和高程控制测量的结果填入“控制测量成果表”。

具体方法参见《现代测量技术》第二章第三节。

（四）经纬仪测图

每个小组依据所测闭合导线中的 4～5 个导线点，测绘比例尺为 1∶500 的小块地形图（20cm×20cm）1 幅，即两个小组共同完成导线范围内大型建筑物及其周边道路、花圃等地物、地貌的测绘（各测一半，最后进行地形图的拼图和整饰）。具体步骤如下。

（1）绘制坐标格网（如图 S-7 所示，可采用绘有格网的聚酯薄膜，每幅图 4 个方格，其西南角的 X 坐标和 Y 坐标由指导教师指定），其格式见“碎部测量坐标格网示意图”。

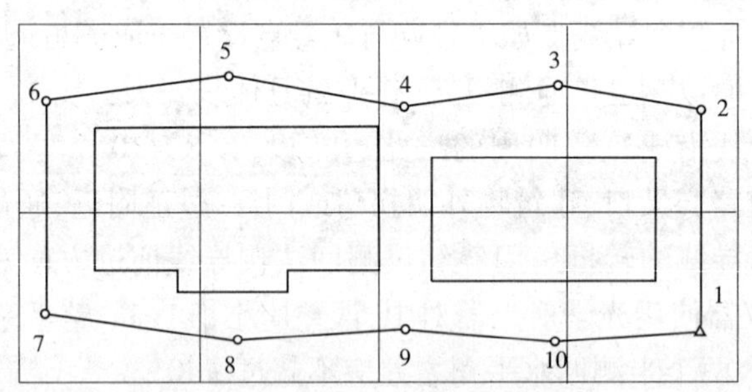

图 S-7　测图格网布置示意图

（2）展绘控制点。

（3）采用经纬仪测绘法进行碎部测量，碎部点用小平板、半圆量角器展点，高程注记至厘米。

具体方法参见《现代测量技术》第七章第二节。

(五)建筑施工测量

1. 建筑物定位

1)矩形建筑物四周角点测设

每个小组依据两个假定的建筑基线点,采用极坐标法,完成一矩形建筑物四周角点,即外墙轴线交点的测设(见图 S-8)。先进行内业——测设数据计算,再进行外业——现场点位测设。

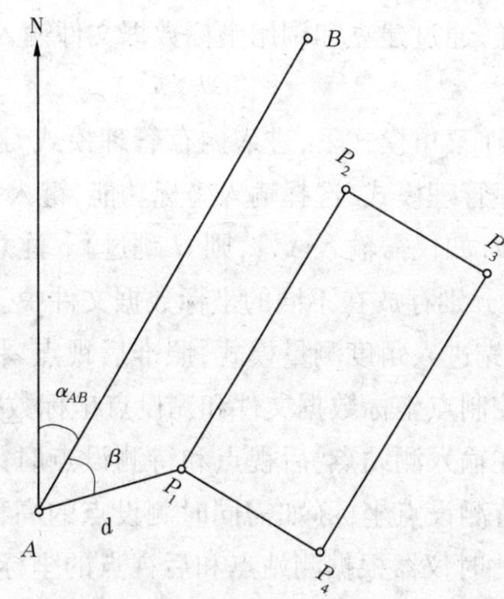

图 S-8 矩形建筑物四周角点测设

(1)内业计算。假设两个建筑基线点的已知坐标和四个角点坐标(为同一坐标系)列于表 S-31:

表 S-31 矩形建筑物角点测设已知数据和角点坐标表

点号	X(m)	Y(m)	边号	平距(m)
A	1 200.000	1 800.000		
B	1 234.641	1 820.000	AB	30.000 ~ 40.000
P_1	1 202.928	1 810.928	P_1P_2	24.000
P_2	1 223.713	1 822.928	P_2P_3	12.000
P_3	1 217.713	1 833.320	P_3P_4	24.000
P_4	1 196.928	1 821.320	P_4P_1	12.000

①计算基线 AB 的方位角 α_{AB};

②分别计算 A 点至四个角点的方位角 $\alpha_{AP_i}(i=1\sim4)$;

③分别计算测设四个角点的水平角和水平距离

$$\beta_i = \alpha_{AP_i} - \alpha_{AB}$$

$$d_i = \sqrt{(x_{P_i} - x_A)^2 + (y_{P_i} - y_A)^2} \tag{29}$$

计算在“矩形建筑物墙轴线角点测设数据计算表”内进行。

(2)外业测设。

方法一:经纬仪加钢尺。

①场地上先用钢尺测设一条建筑基线(长30 ~ 40m),令其两端分别为A、B点;

②以A为测站、B为起始方向,依据计算所得的测设数据,用经纬仪和钢尺,按极坐标法,逐一将四个角点测设于实地。

方法二:全站仪坐标放样,通过建立和调用坐标数据文件输入测站点和待测设点的坐标测设点位。

①建立坐标数据文件。在菜单模式下,进入内存管理模式,选择文件维护功能,输入新的坐标文件名,再回到内存管理模式,选择输入坐标功能,键入坐标文件名,依次输入各点点名及其三维坐标(X、Y、H,如仅需输入X、Y,则H跳过)。注意:控制点如A、B等和待测设点如$p_1 \sim p_4$等的坐标可分别存放在不同的坐标数据文件中。

②调用坐标数据文件。先进入角度测量模式,照准后视点,将水平读数置零,再进入坐标放样模式,选择并调用控制点坐标数据文件和测设点坐标数据文件,即将文件中的点名和坐标数据调入内存,而在输入测站点、后视点和待测设点时键入相应的点名,即可得到所需的测站点、后视点和待测设点坐标(如需同时测设点的高程,还应输入测站的仪器高和待测设点的棱镜高)。此时仪器根据测站点和后视点的坐标自动计算后视方向的坐标方位角,因而不再需要输入后视方向的起始方位角。此后照准大致竖立在待测设点上的棱镜中心,按测量键,即可根据屏幕提示,前后左右(及上下)移动棱镜杆位,直至显示角度、距离(及高差)的差值均为零。

(3)点位检测。

方法一:经纬仪加钢尺。

①用钢尺(或全站仪)对所测设相邻点位之间的水平距离进行实测检核,与表S-31中的相应水平距离比较,其相对误差应不超过$\frac{1}{4\,000}$;

②用经纬仪(或全站仪)对所测设矩形建筑物的四个内角进行实测检核,与90°相比较,其误差应不超过40″。

方法二:全站仪坐标测量。

用全站仪按坐标测量法,在A点安置全站仪,照准B点,进入测角模式,将水平读数设置为起始方位角α_{AB},再进入坐标测量模式,输入A点坐标x_A、y_B,依次在$p_1 \sim p_4$点竖立棱镜杆,按测量键,测定各点的x_i、y_i,与表S-32所示各点的坐标进行比较,对测设的点位进行实测检核。

点位检测结果填入“矩形建筑物角点测设相对点位检测表”。

具体方法参见《现代测量技术》第八章第三节。

2)椭圆形建筑物轮廓线特征点位测设

设椭圆形建筑物假定坐标系的竖向x轴长半径$a = 15$m,横向y轴短半径$b = 12$m,以

椭圆中心点 O 为测站(设其坐标 $x_O = 0.000\text{m}, y_O = 0.000\text{m}$),$y$ 轴左向 1 号点为零方向(其方位角 $\alpha_{O1} = 270°00'00''$),测设 12 个特征点位(见图 S-9),其 y_i 坐标如表 S-32 所示,先进行内业——各点 x_i 坐标计算和测设数据计算,再进行外业——现场点位测设。

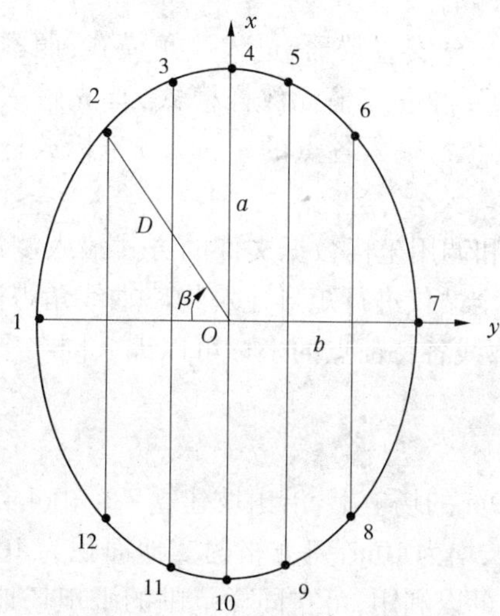

图 S-9　椭圆形建筑物轮廓线特征点位测设示意图

表 S-32　椭圆轮廓线特征点 y 坐标表

点号	1	2	3	4	5	6	7	8	9	10	11	12
y_i(m)	−12	−8	−4	0	+4	+8	+12	+8	+4	0	−4	−8

(1)内业计算。

①依据椭圆方程

$$\frac{x^2}{a^2} + \frac{y^2}{b^2} = 1 \tag{30}$$

计算各特征点的 x_i 坐标(1~7 号点的 x_i 为正值;8~12 号点的 x_i 为负值);

②计算中心点 O 至各点位之间的水平距离

$$D_{Oi} = \sqrt{x_i^2 + y_i^2} \tag{31}$$

③计算中心点 O 至各点位在椭圆假定坐标系中的方位角

$$\alpha_{Oi} = \arctan \frac{y_i}{x_i} \tag{32}$$

④中心点 O 以 y 轴左向 1 号点为零方向,顺时针至各点位之间的水平角

$$\beta_i = \alpha_{Oi} - \alpha_{O1} \tag{33}$$

将以上计算结果填入"椭圆形建筑物轮廓线特征点位测设计算表"。

(2)现场测设。先用仪器和钢尺测设两条相互垂直的建筑基线(竖向 30m 作为 x 轴,即椭圆的长轴),横向 24m 作为 y 轴,即椭圆的短轴),假设其中心点 O 为零点,横向左端 1 号点为零方向。

①以中心点 O 为测站,用经纬仪 + 钢尺,按极坐标法,通过测设水平角 β_i 和水平距离

D_i 依次测设各点位；

②以中心点 O 为坐标原点，椭圆的长、短轴为 x、y 轴，用经纬仪＋钢尺，按直角坐标法测定各点位的直角坐标 x_i、y_i，与计算所得的各点坐标值加以比较，对所有测设点位进行检核；

③如有全站仪，在中心点 O 安置仪器，进入测角模式，照准 1 点，将水平读数设置为起始方位角 $\alpha_{01}=270°00'00''$，再进入坐标放样模式，首先输入测站点（即中心点）坐标 $x_0=0.000\text{m}$，$y_0=0.000\text{m}$，再依次输入各点的 x_i、y_i，按坐标放样法，逐一测设椭圆形轮廓线上各特征点位。

此时，也可以采用建立和调用坐标数据文件的方式输入测站点的坐标和轮廓线各特征点的坐标（方法与上述用全站仪进行矩形建筑物墙轴线角点测设时坐标文件的建立和调用相同），但中心点和轮廓线各特征点的坐标可以编入同一个坐标数据文件，其建立和调用更为方便。

2. 施工场地平整测量

在丘陵山地约 50m×50m 的场地上，沿山坡建立一个由 4 行 4 列方格组成的格网（即 4×4 计 16 个方格，方格边长均为 10m，每方格的实地面积为 100m^2，见图 S-10）。在每网格交点打上木桩（如无山坡可以利用，可在同样范围的平坦场地上打上高度不等的木桩，以模拟一丘陵山地，山地由低至高的高差为 1.0～1.5m，坡度变化不宜太大），设将该格网范围内按总填方量等于总挖方量的原则整为一水平场地，按以下步骤进行场地平整测量和场地平整土方量的计算。

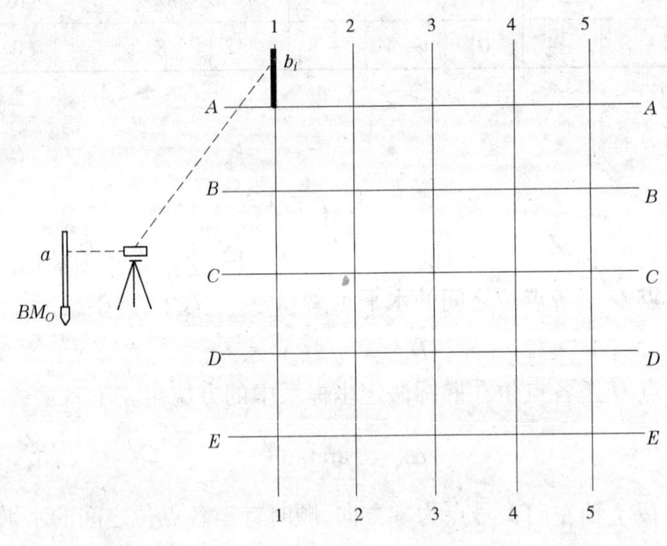

图 S-10　平整场地格网布置及水准测量示意图

（1）外业。在场地内适宜位置安置水准仪，以场地外围一假定高程的水准点（例如 $H_{BMO}=10.000\text{m}$）为后视，依次测定所有桩点的高程。如图 S-11 所示，a 为后视读数，b_i 为前视读数，其中 $i=1,2,3,\cdots,25$。由于后视和各桩点的前视距离可能相差较多，所以事先应再次对水准仪的水准管轴进行检验和校正，以尽量减小 i 角误差的影响。

外业观测数据及计算所得桩点高程记入“施工场地平整水准测量记录”。

(2)内业。

①将各桩位的高程注于“施工场地平整土方量计算表”附图上相应交点的右上方。

②计算场地平整设计高程,即零点高程 H_0:

$$H_0 = \frac{\sum P_i \cdot H_i}{\sum P_i} \tag{34}$$

式中 H_i——各交点(即桩点)的实测高程;

P_i——各交点高程相应的权值。

再在该附图上内插高程等于 H_0 的零线。

③计算每个方格交点的挖深(+)或填高(-),注于图上相应网格交点的右下方。

④将所有方格按有无零线通过的情况分为全挖方格、全填方格及半挖半填方格,分别计算每个方格的下挖面积、下挖均深或上填面积、上填均高。

⑤计算各方格的挖方(下挖面积×平均挖深)和填方(上填面积×平均填高),汇总得全场的总挖方、总填方以及总方量。

计算在“施工场地平整土方量计算表”内进行。

具体方法参见《现代测量技术》第七章第四节。

3. 高层建筑轴线投测

用经纬仪将大楼底层的平面轴线投测到大楼各楼层上(参见《现代测量技术》第九章第二节图9-19),其步骤为:

(1)在大楼门厅外面(或可面对楼层过道窗户)场地上呈90°方向各先设定两个轴线点;

(2)在轴线点 A_1 及 A_2 上安置经纬仪,首先以盘左分别瞄准轴线点 B_1 及 B_2,然后将望远镜倒转,并向上抬高,将轴线投测到大楼2~5层相互垂直的两面阳台或过道窗沿上;

(3)再以盘右重复投测,左右取中,注以标记。

具体方法参见《现代测量技术》第九章第二节。

4. 高层建筑高程传递

采用水准测量方法将高程传递到大楼各层的标高点上(参见《现代测量技术》第八章第二节图8-5),其步骤为:

(1)在大楼外面的场地上设置一水准点(设其 H_{BMO} = 10.000m),在大楼2~5层上各设一个标高点,自6层沿楼梯间向下吊挂1根钢尺(下端吊一重量适中的垂球,使其基本稳定);

(2)先用水准仪以水准点为后视,以大楼底层地坪±0位为前视,测定该楼±0位的高程;

(3)在底层门厅安置一架水准仪,再依次在大楼2~5层上能同时可见该楼层标高点和楼梯间钢尺的位置安置另一架水准仪,用两架水准仪分别对±0位和各楼层标高点上的水准尺以及下挂钢尺同时进行瞄准、读数,再通过计算,将高程传递到大楼各层的标高点上。

观测和计算数据填入“高层建筑高程传递计算表”。

具体方法参见《现代测量技术》第八章第二节。

5. 道路坡度测设

用水准仪按水平视线法测设一段道路的坡度(见图 S-11),其步骤为:

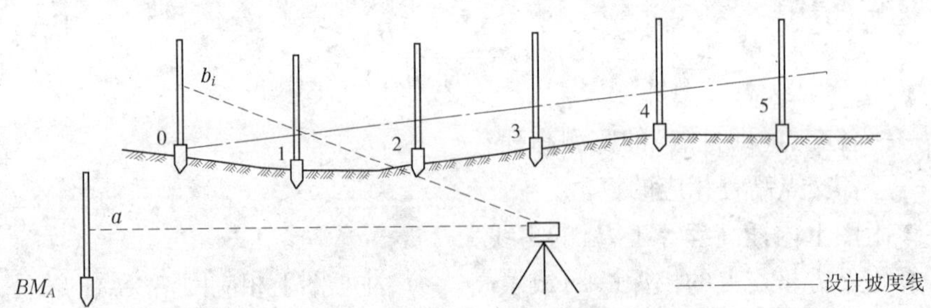

图 S-11 道路坡度测设示意图

(1)在一段长为 100m 的场地边(或道路旁)先设一水准点 BM_A,并假设其高程H_{BM_A} = 10.000m,再沿场地一直线(设为道路中心线),每隔 20m 设一桩位(即 5 段,计 6 个桩位,编号依次为 0,1,2,3,4,5),假设起始桩点的设计高程 H_0 = 10.500m,以及道路的设计坡度(+0.5%),按设计坡度计算各桩位的设计高程;

(2)在适中位置安置水准仪,以水准点 BM_A 为后视,在起始桩点 0 上测设其设计高程;

(3)根据起始桩点上标尺的读数,计算其他桩点上标尺的应有读数,依次在各桩点的一侧上、下移动标尺,使其读数等于应有读数,沿标尺底端在木桩上绘红漆线,即为桩位的设计高程,其连线即为道路的设计坡度线。

观测和计算数据填入“道路桩位高程测量记录与坡度测设计算表”。

具体方法参见《现代测量技术》第八章第二节。

(六)高层建筑倾斜观测

用经纬仪测定某大楼的倾斜度(见图 S-12)。其步骤如下:

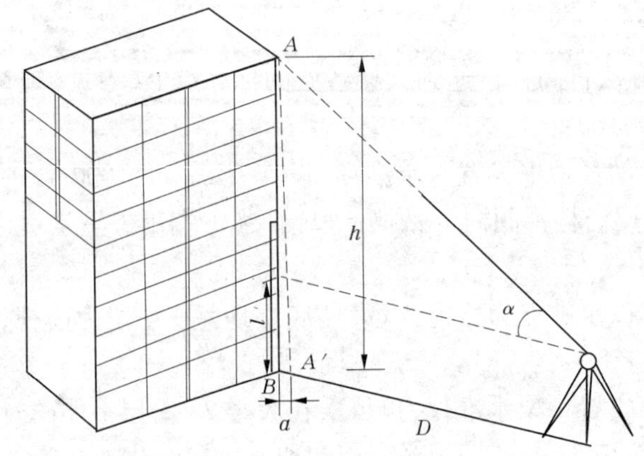

图 S-12 高层建筑倾斜观测示意图

(1)设大楼高度为 h，在与大楼距离超过 $1.5h$ 的地方安置经纬仪，用钢尺丈量仪器到大楼一拐角的水平距离 D，同时在该拐角墙脚处竖立 1 根标尺，先用经纬仪（先盘左再盘右）测定大楼该拐角顶端女儿墙最高点 A 的竖直角 α，再将望远镜放水平，读取拐角处标尺的读数 l，然后根据三角高程测量的原理，按式(33)计算大楼拐角处的高度 h：

$$h = D \cdot \tan\alpha + l \tag{35}$$

(2)分别以盘左、盘右使用望远镜将大楼该拐角顶端女儿墙最高点 A 向下投影至地面，取盘左、盘右两投影点连线的中点 A'，再量测该中点 A' 相对拐角处墙角 B 的偏差值 a，代入式(34)计算该大楼的倾斜度 i：

$$i = \frac{a}{h} \tag{36}$$

观测和计算数据填入"建筑物倾斜观测记录与计算表"。

参见《现代测量技术》第十二章第二节。

(七)道路圆曲线测设

设道路两直线段的右转角 α 为 90°，其间用半径 $R = 25.465\text{m}$ 的圆曲线相连接，需将曲线分为 $n = 5$ 等份，用经纬仪 + 钢尺按弦线偏角法，测设圆曲线的起点、终点和各等份的细部点（参见《现代测量技术》第十一章第三节，图 11-16）。

1. 内业计算

根据设计的转向角 α 和圆曲线半径 R，计算圆曲线的切线长 T 与曲线长 L 和分成 5 等份的每段弧长 S、每段所对圆心角 φ、曲线起点偏角 $\delta_{起}$、其后每等分点偏角 $\delta_{分}$ 及每段弧长对应的弦长 d：

切线长 $$T = R \cdot \tan\frac{\alpha}{2} \tag{37}$$

曲线长 $$L = R\alpha\frac{\pi}{180^\circ} \tag{38}$$

每段弧长 $$S = \frac{L}{n} \tag{39}$$

每段所对圆心角 $$\varphi = \frac{\alpha}{n} \tag{40}$$

曲线起点偏角 $$\delta_{起} = \frac{\varphi}{2} \tag{41}$$

其后每等分点偏角 $$\delta_{分} = \varphi \tag{42}$$

每段弧长对应的弦长 $$d = 2R \cdot \sin\frac{\alpha}{2n} \tag{43}$$

2. 外业测设

(1)在场地（约 30m × 30m）一端用经纬仪放两条互相垂直的基线，令测站点即为圆曲线的交点 J（《现代测量技术》图 11-16），自测站点起始，沿基线用钢尺分别丈量距离等于圆曲线的切线长 L，定出曲线的起点 Z 和终点 Y，然后按以下步骤测设圆曲线各等分点；

(2)在 Z 点安置经纬仪，以交点 J 为零方向，顺时针拨动偏角 $\delta_{起}$，沿视线方向用钢尺丈量距离等于弦长 d，测设出 1 号分点；

(3)在1号点安置经纬仪,照准起点Z(为零方向),倒转望远镜,顺时针拨动偏角$\delta_{分}$,沿视线方向用钢尺丈量距离等于弦长d,测设出2号分点;

(4)依此类推,在i号分点($i=1,2,3,4$)安置经纬仪,照准$i-1$号分点(为零方向),顺时针拨动偏角$\delta_{分}$,沿视线方向用钢尺丈量距离等于弦长d,定出$i+1$号分点,直至测设出曲线终点Y(即5号点);

(5)将测设的5号点与上面第(1)步定出的终点Y加以比较,检测其相差的距离,用于校核。

上述计算和检测结果列入"弦线偏角法测设圆曲线计算和检测记录"。

参见《现代测量技术》第十一章第三节。

(八)模拟隧道贯通测量

以实训平面控制测量建立的闭合导线4号点和9号点之间的通道(见图S-6),作为模拟隧道的贯通段,假设4号点和9号点就是隧道两端工作面附近的中线点,以4号点和9号点连线的中点作为贯通面的中点,根据4号点和9号点的坐标和高程,反算贯通方位角、距离和坡度,并至现场进行模拟贯通测量(见图S-13)。

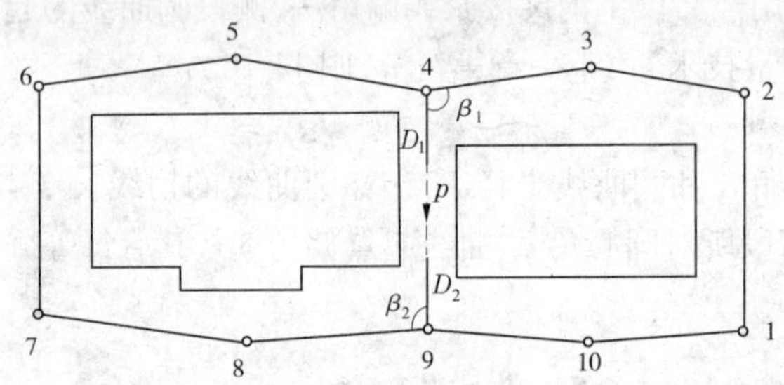

图S-13 模拟隧道贯通测量示意图

1. 内业计算

(1)反算4号点(i)和9号点(j)之间贯通段的方位角$\alpha_{贯}$、距离$D_{贯}$和坡度$i_{贯}$

贯通方位角:

$$\alpha_{贯} = \arctan \frac{y_j - y_i}{x_j - x_i} \tag{44}$$

贯通距离:
$$D_{贯} = \sqrt{(x_j - x_i)^2 + (y_j - y_i)^2} \tag{45}$$

贯通坡度:
$$i_{贯} = (H_j - H_i)/D_{贯} \tag{46}$$

(2)分别以4号点和9号点与其相邻的导线点3号点和8号点作为起始方向,计算两端测设贯通方向的水平角β_i,并以贯通距离的1/2作为测设两端各至贯通面的水平距离D_i,方法与按极坐标法测设点的平面位置和高程相同,具体计算公式见本书附录1的21"模拟隧道贯通测量计算和检测"。

2. 现场测设

(1)依次在4号点和9号点安置经纬仪,各以相邻导线点3号点和8号点作为起始方向,测设水平角β_1和β_2,沿各自的视线方向测设水平距离D_1和D_2,分别放出贯通点p'和p'',同时自4号点和9号点起始,按$i_{贯}$(4号点和9号点起始的$i_{贯}$符号相反)测设点p'

和 p'' 的高程。

(2)检测两端分别放出的 p' 和 p'' 点位,得两点之间垂直于中线方向的横向误差 Δu、沿中线方向的纵向误差 Δl 和沿竖向的高程之差 Δh。

上述计算和检测结果列入"模拟隧道贯通测量计算和检测记录"。

参见《现代测量技术》第十一章第三节。

七、注意事项

(1)测量实训的各项工作以组为单位,组员之间应密切配合,发扬团队精神,以便顺利完成实训任务,达到实训目的。

(2)遵守纪律,不得随意缺席和迟到、早退,有事必须向指导教师请假。

(3)每天作业前,应复习教材,对当天的作业内容和方法,做到心中有数。

(4)每项工作观测完成后,应及时整理、计算,超出限差应予返工。

(5)观测记录应真实、工整,不得随意涂改和转抄,并妥善保存。

(6)所有内业计算成果必须个人独立完成(允许在计算过程中相互检核),严禁抄袭和拷贝他人成果。

(7)仪器设站、测量作业应不影响交通,不损坏花木,注意安全。

(8)各组每天作业进程按指导书执行,组长应合理分工和对各工种进行轮换,组员应团结协作、发现问题和解决问题,遇有困难及时向指导教师反映。

(9)如遇雨天无法作业,和双休日调换。

(10)各组之间应互相谦让、互相支持,共同圆满完成实训任务。

(11)应认真执行"测量仪器工具使用管理制度"。借领或各组之间交换仪器工具时,应认真清点、检查、登记。作业中,应小心操作,爱护仪器、不得损坏和丢失,严禁持仪器、标尺、工具互相打闹,发现问题应及时向指导教师和实验室汇报,如有丢失或损坏,除需赔偿外还将视情节给予处分。使用仪器和记录的具体要求见本书第一部分:"测量实验须知"。

八、实训成果

(一)小组上交成果

(1)控制网略图;

(2)水准仪和经纬仪检验、校正记录;

(3)水准测量观测记录;

(4)导线测量水平角及距离观测记录;

(5)控制测量成果表;

(6)碎部测量观测记录;

(7)1:500 地形图一幅;

(8)施工场地水准测量记录。

(二)个人上交成果

1. 实训报告

实训报告是个人完成测量实训时的技术小结,其编写格式和内容如下:

(1)目录。

(2)前言。简述测量实训的时间、地点、目的、任务、场地概况、天气、出勤情况等。

(3)实训内容。实训过程、内容、程序、方法、技术要求、实测结果、计算成果等。

(4)实训体会。叙述实训过程中所遇困难、问题和解决的方法,通过实训所取得的收获和不足、经验和教训及心得体会等。

2. 个人计算资料(作为个人实训报告的附录)

(1)水准测量计算表;

(2)导线测量计算表;

(3)矩形建筑物四周角点测设数据计算表和测设相对点位检测表;

(4)椭圆形建筑物轮廓线特征点测设计算表;

(5)施工场地平整高程和土方量计算表;

(6)高层建筑高程传递观测与计算表;

(7)道路坡度测设观测记录与计算表;

(8)建筑物倾斜观测记录与计算表;

(9)弦线偏角法测设圆曲线计算和检测;

(10)模拟隧道贯通测量计算和检测。

九、测量新仪器和新技术介绍

请有关单位或测绘仪器公司专家携带全站仪、GPS 接收机、激光测量仪等来实训现场介绍测量新仪器的特点和使用方法,或组织学生去建筑工地参观,并亲身体验测量新仪器在建筑施工中的应用。

十、操作考核

操作考核内容包括:四等水准测量(1 测站)、水平角测量(1 测回)、竖直角测量(1 测回)、道路坡度测设、建筑物高度测量等,届时由学生抽签选择其中一项,根据试题要求,在限定时间内现场进行安置仪器、观测、记录和计算,根据操作仪器的熟练程度、观测记录计算的正确程度和所用时间等进行评分。

十一、成绩评定

本实训成绩由实训表现、实训成果和操作能力综合按优秀、良好、中、及格和不及格五等评定。实训表现根据学生的出勤、遵守纪律和工作态度计分,实训成果由观测记录、内业计算和绘图等成绩及实训报告的完成情况计分,操作能力主要取决于实训中的操作表现和结束时的操作考核成绩。

附录1:测量实训作业记录与计算表格

1. 水准仪检验和校正记录

专业____年级____班级____小组____观测______记录______检查______日期____天气____第__页

圆水准轴检验和校正绘图说明

	整平后圆水准器气泡位置	望远镜转180°后气泡位置
检验时		
校正后		

十字丝横丝检验和校正绘图说明

	检验时	校正后
点状标志偏离中横丝的情况		

水准管轴检验和校正记录

第1次(校正前)				第2次(校正后)			
测站	点号	读数(m)	高差(mm)	测站	点号	读数(m)	高差(mm)
		$a_1 =$	$h_{AB} = a_1 - b_1$			$a_1 =$	$h_{AB} = a_1 - b_1$
		$b_1 =$	$=$			$b_1 =$	$=$
		$a_2 =$	$h'_{AB} = a_2 - b_2$			$a_2 =$	$h'_{AB} = a_2 - b_2$
		$b_2 =$	$=$			$b_2 =$	$=$
$\Delta = \frac{(a_2 - b_2) - (a_1 - b_1)}{2}$ $=$			$i'' = 10 \times \Delta$ $=$	$\Delta = \frac{(a_2 - b_2) - (a_1 - b_1)}{2}$ $=$			$i'' = 10 \times \Delta$ $=$

注:表内 a_1、b_1、a_2、b_2 分别为各四次读数的平均值。水准管轴检验示意图参见本书第一部分实验三的图S-1。

2. 光学经纬仪检验和校正记录

专业____年级____班级____小组____观测______记录______检查______日期____天气____第__页

照准部水准管轴检验和校正绘图说明

	整平后水准管气泡位置	照准部转 180°后气泡位置
检验时		
校正后		

视准轴检验和校正记录

第 1 次(校正前)					第 2 次(校正后)				
测站	平点目标	盘位	水平度盘读数(° ′ ″)	c(″)	测站	平点目标	盘位	水平度盘读数(° ′ ″)	c(″)
		左					左		
		右					右		
		左					左		
		右					右		

横轴检验和校正记录

第 1 次(校正前)					第 2 次(校正后)				
测站	高点目标	盘位	水平度盘读数(° ′ ″)	c(″)	测站	高点目标	盘位	水平度盘读数(° ′ ″)	c(″)
		左					左		
		右					右		
		左					左		
		右					右		

注:上二表内 $c=\frac{M_1-(M_2\pm180°)}{2}$。

十字丝竖丝检验和校正绘图说明

	检验时	校正后
点状标志偏离竖丝的情况		

竖盘指标水准管轴检验和校正记录

第 1 次(校正前)						第 2 次(校正后)					
测站	目标	盘位	竖盘读数(° ′ ″)	竖角 α(° ′ ″)	指标差 x(″)	测站	目标	盘位	竖盘读数(° ′ ″)	竖角 α(° ′ ″)	指标差 x(″)
		左						左			
		右						右			
		左						左			
		右						右			

注:表内 $x=\frac{\alpha_R-\alpha_L}{2}$或 $x=\frac{(L+R)-360°}{2}$。

3. 普通水准测量记录

普通水准测量记录

专业____年级____班级____小组____观测______记录______检查______日期____天气____第__页

测站	点号		后视读数（m）	前视读数（m）	高差 h（m）	平均高差 $h_{均}$（m）	说明
	仪高（1）						
	仪高（2）						
	仪高（1）						
	仪高（2）						
	仪高（1）						
	仪高（2）						
	仪高（1）						
	仪高（2）						
	仪高（1）						
	仪高（2）						
	仪高（1）						
	仪高（2）						
	仪高（1）						
	仪高（2）						
检核	$\sum a=$　$\sum b=$　$\sum h=$　$\sum a-\sum b=$　$2\sum h_{均}=$						

4. 四等水准测量记录

四等水准测量记录

专业____年级____班级____小组____观测______记录______检查______日期____天气____第__页

测站编号	点号	后尺 下 / 上	前尺 下 / 上	方向及尺号	水准尺读数(m) 黑面	水准尺读数(m) 红面	K+黑−红(mm)	高差中数(m)	备注
		后距(m)	前距(m)						
		前后视距差(m)	累计差(m)						
		(1)	(4)	后	(3)	(8)	(13)	(18)	K_1 =
		(2)	(5)	前	(6)	(7)	(14)		K_2 =
		(9)	(10)	后−前	(16)	(17)	(15)		
		(11)	(12)						
				后 1					
				前 2					
				后−前					
				后 2					
				前 1					
				后−前					
				后 1					
				前 2					
				后−前					
				后 2					
				前 1					
				后−前					
				后 1					
				前 2					
				后−前					
				后 2					
				前 1					
				后−前					
校核	Σ(9) = Σ(10) = (12)末站 = 总距离 =			Σ(3) = Σ(8) = Σ(6) = Σ(7) = Σ(16) = Σ(17) = Σ(18) = $\frac{1}{2}$[Σ(16) + Σ(17) ±0.100] =					

5. 高差闭合差调整及待定点高程计算表

高差闭合差调整及待定点高程计算表

专业______年级____班级____小组____学号_______计算_________检查_______日期______

点号	测站数	距离（km）	实测高差（m）	改正数（mm）	改正后高差（mm）	高程（m）
辅助计算	f_h = $f_{h容}$ = （mm）					

6. 水平角(测回法)测量记录

水平角(测回法)测量记录

专业____年级____班级____小组____观测______记录______检查______日期____天气____第__页

测站	目标	竖盘位置	水平度盘读数(° ′ ″)	半测回角值(° ′ ″)	一测回角值(° ′ ″)	说明
		左				
		右				
		左				
		右				
		左				
		右				
		左				
		右				
		左				
		右				
		左				
		右				
		左				
		右				

7. 钢尺量距记录

钢尺量距记录

专业___年级___班级___小组____观测____记录____检查____日期____天气__第__页　钢尺号__

测线		往测		返测		往返平均距离（m）	往返差值（m）	往返相对误差	备注
起点号	终点号	尺段数 余数	D_i（m）	尺段数 余数	D_i（m）				

8. 导线闭合差调整及坐标计算表

导线闭合差调整及坐标计算表

专业______年级____班级____小组____学号______计算________检查________日期______

点号	观测角 β (° ′ ″)	改正后 β 角值 (° ′ ″)	方位角 α (° ′ ″)	距离 D (m)	纵坐标增量 $\Delta x'$ (m)	横坐标增量 $\Delta y'$ (m)	改正后 Δx (m)	改正后 Δy (m)	纵坐标 x (m)	横坐标 y (m)
(1)	(2)	(3)	(4)	(5)	(6)	(7)	(8)	(9)	(10)	(11)

辅助计算		
	$\Sigma\beta_{测} =$	$f_x =$ $\qquad$ $f_y =$
	$\Sigma\beta_{理} =$	$f_D = \pm\sqrt{f_x^2 + f_y^2} =$
	$f_\beta =$	$K =$ $\qquad$ $K_{允} =$
	$f_{\beta允} = \pm 60''\sqrt{n} =$	

9. 控制测量成果表

控制测量成果表

专业______年级____班级____小组____学号______计算________检查________日期____第__页

点号	X(m)	Y(m)	H(m)	点号～点号	平距(m)	方位角	备注

10. 碎部测量坐标格网示意图

＊＊＊局部地形图

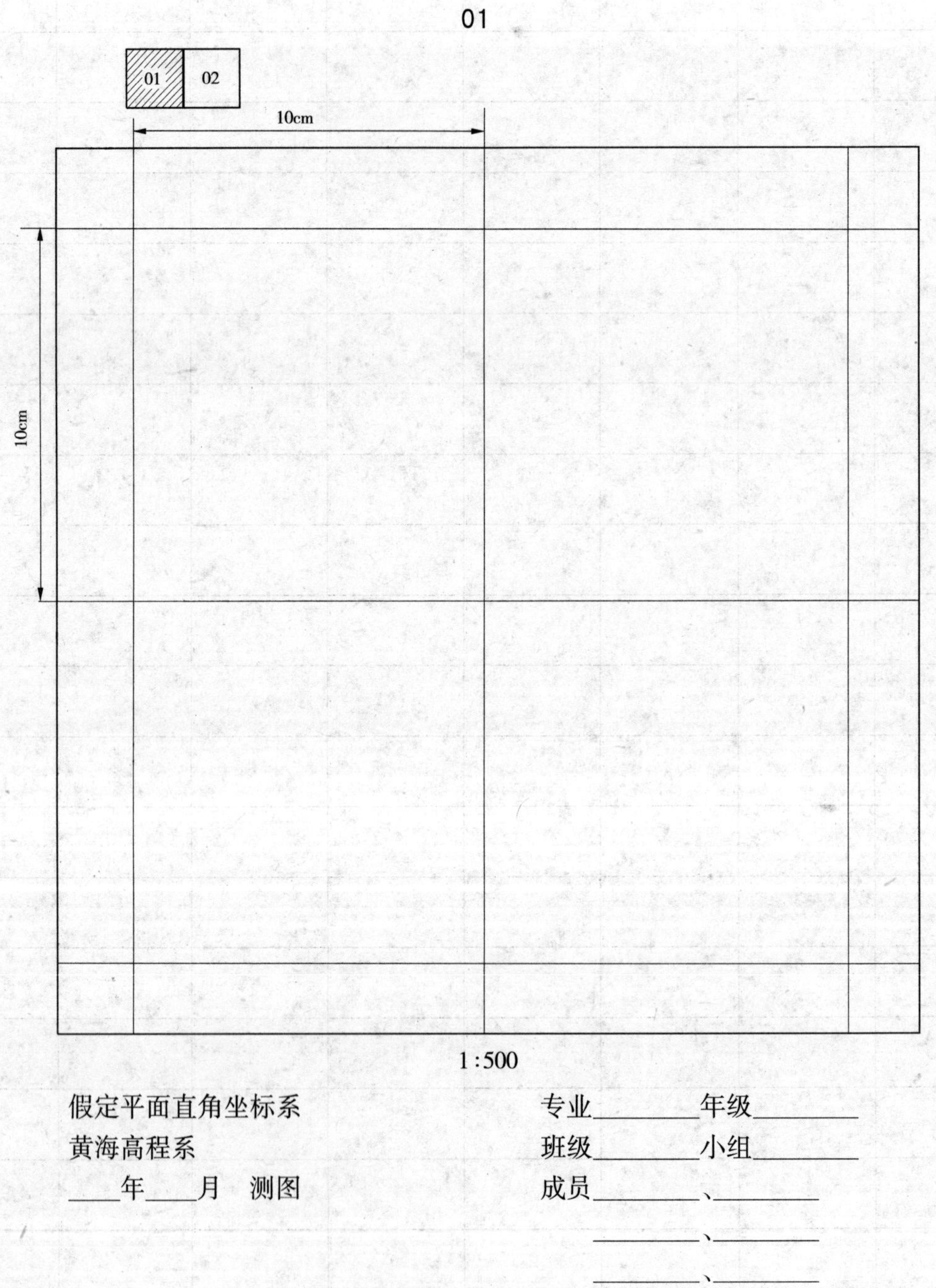

11. 碎部测量记录

碎部测量记录

专业____年级____班级____小组____观测______记录______检查______日期____天气____第__页

测站____ 测站高程____ 仪器高____ 零方向________ 指标差(x)________ 仪器号________

测点号	标尺读数		视距间隔 l (m)	竖盘读数 L (m)	竖直角 α (° ′ ″)	平 距 D (m)	高差 h (m)	高程 H(m)	水平角 β	备 注
	下丝	中丝								
	上丝									

12. 矩形建筑物角点测设数据计算表

矩形建筑物角点测设数据计算表

专业___年级___班级___小组___计算___检查___日期____天气____第__页　测站点____零方向__

点号	X(m)	Y(m)	方向号	方位角 (° ′ ″)	水平角 (° ′ ″)	平距 (m)
A	1 200.000	1 800.000				
B	1 234.641	1 820.000	AB			
P_1	1 202.928	1 810.928	AP_1			
P_2	1 223.713	1 822.928	AP_2			
P_3	1 217.713	1 833.320	AP_3			
P_4	1 196.928	1 821.320	AP_4			

$$\alpha_{AB} = \arctan\frac{Y_B - Y_A}{X_B - X_A} = \qquad ,$$

$$\alpha_{AP_1} = \arctan\frac{Y_{P_1} - Y_A}{X_{P_1} - X_A} = \qquad , \beta_{AP_1} = \alpha_{AP_1} - \alpha_{AB} =$$

$$\alpha_{AP_2} = \arctan\frac{Y_{P_2} - Y_A}{X_{P_2} - X_A} = \qquad , \beta_{AP_2} = \alpha_{AP_2} - \alpha_{AB} =$$

$$\alpha_{AP_3} = \arctan\frac{Y_{P_3} - Y_A}{X_{P_3} - X_A} = \qquad , \beta_{AP_3} = \alpha_{AP_3} - \alpha_{AB} =$$

$$\alpha_{AP_4} = \arctan\frac{Y_{P_4} - Y_A}{X_{P_4} - X_A} = \qquad , \beta_{AP_4} = \alpha_{AP_4} - \alpha_{AB} =$$

$$D_{AP_1} = \sqrt{(X_{P_1} - X_A)^2 + (Y_{P_1} - Y_A)^2} =$$

$$D_{AP_2} = \sqrt{(X_{P_2} - X_A)^2 + (Y_{P_2} - Y_A)^2} =$$

$$D_{AP_3} = \sqrt{(X_{P_3} - X_A)^2 + (Y_{P_3} - Y_A)^2} =$$

$$D_{AP_4} = \sqrt{(X_{P_4} - X_A)^2 + (Y_{P_4} - Y_A)^2} =$$

13. 矩形建筑物角点测设相对点位检测表

矩形建筑物角点测设相对点位检测表

专业____年级____班级____小组____观测______记录______检查______日期____天气____第__页

点号	β_i				D_{Ai}		
	测设 (° ′ ″)	实测 (° ′ ″)	较差 (″)	边号	测设 (m)	实测 (m)	较差 (mm)
p_1	90°			p_1p_2			
p_2	90°			p_2p_3			
p_3	90°			p_3p_4			
p_4	90°			p_4p_1			

14. 椭圆形建筑物轮廓线特征点位测设计算表

椭圆形建筑物轮廓线特征点位测设计算表

专业____年级____班级____小组________计算________检查________日期____天气____第____页

测站点________ x_0 = ________ y_0 = ________零方向________ α_{O1} = ________

点号	1	2	3	4	5	6	7	8	9	10	11	12
y_i(m)	−12	−8	−4	0	+4	+8	+12	+8	+4	0	−4	−8
x_i(m)												
点 O 至各点平距 D_{Oi}(m)												
点 O 至各点假定方位角 α_{Oi} (° ′ ″)												
点 O 自零方向始顺时针至各点水平角 β_i(° ′ ″)												

(1)依据椭圆方程

$$\frac{x^2}{a^2}+\frac{y^2}{b^2}=1$$

计算各特征点的 x_i 坐标(1～7 号点的 x_i 为正值;8～12 号点的 x_i 为负值),填入上表;

(2)计算中心点 O 至各点位之间的水平距离 D_{Oi}:

$$D_{Oi}=\sqrt{x_i^2+y_i^2}$$

(3)计算中心点 O 至各点位在椭圆假定坐标系中的方位角 α_{Oi}:

$$\alpha_{Oi}=\arctan\frac{y_i}{x_i}$$

(4)中心点 O 以 Y 轴左向 1 号点为零方向,顺时针至各点位之间的水平角 β_i:

$$\beta_i=\alpha_{Oi}-\alpha_{O1}$$

15. 施工场地平整水准测量记录

施工场地平整水准测量记录

专业____年级____班级____小组______观测______记录______检查________日期____第__页

测站	点号	第一次观测				第二次观测				平均高程（m）
		后视读数（m）	视线高（m）	前视读数（m）	高程（m）	后视读数（m）	视线高（m）	前视读数（m）	高程（m）	

16. 施工场地平整土方量计算表

施工场地平整土方量计算表

专业____年级____班级____小组________计算____________检查____________日期________

零点高程计算	图上零线内插
设： 角点 $P_i = 0.25$ 边点 $P_i = 0.50$ 拐点 $P_i = 0.75$ 中点 $P_i = 1.00$ 零点高程： $H_0 = \frac{\sum(P_i \cdot H_i)}{\sum P_i} =$	1 2 3 4 5 A ① ② ③ ④ A B ⑤ ⑥ ⑦ ⑧ B C ⑨ ⑩ ⑪ ⑫ C D ⑬ ⑭ ⑮ ⑯ D E E 1 2 3 4 5

方格号	各点挖深(+)或填高(-)(m)				挖方(m^3)			填方(m^3)			备注
	左上	右上	左下	右下	均深	面积	方量	均高	面积	方量	
合计											

17. 高层建筑高程传递计算表

高层建筑高程传递计算表

专业____年级____班级____小组________计算________检查____________日期____________

后视水准点 A ________高程 H_A = ____________ 建筑物名称________________

点号	楼层 i	后视尺读数 a（m）	钢尺下读数 b_i（m）	钢尺上读数 c_i（m）	前视尺读数 d（m）	高差 h（m）	高程 H_{Bi}（m）

注：$H_{Bi} = H_A + a - b_i + c_i - d$。

18. 道路桩位高程测量记录与坡度测设计算表

道路桩位高程测量记录

专业____年级____班级____小组____观测____记录____检查____日期____第__页

测站	点号	第一次观测				第二次观测				平均高差 h_i(m)	高程 H_i(m)
		后视读数(m)	中丝读数(m)	前视读数(m)	高差(m)	后视读数(m)	中丝读数(m)	前视读数(m)	高差(m)		

坡度测设计算表

设计坡度 $i=$ %

点 号	1	2	3	4	5	6	7
桩顶高程							
设计高程							
填(挖)高度							
距 离(m)							

19. 建筑物倾斜观测记录与计算表

专业____年级____班级____小组____计算____检查____日期____

三角高程测量建筑物高度计算表

测站____高程____仪器高____

点号	竖盘位置	竖盘读数(° ′ ″)	半测回竖角(° ′ ″)	一测回竖角 α(° ′ ″)	指标差 x(″)	平距 D(m)	$D\cdot\tan\alpha$(m)	标尺中丝读数 l(m)	建筑物高度 h(m)
	左								
	右								
	左								
	右								

注：$h=D\cdot\tan\alpha+l$。

建筑物倾斜度计算表

建筑物名称________

点 号	测点位置	上下偏斜量 a(m)	建筑物高度 h(m)	倾斜度 $i=a/h$

20. 弦线偏角法测设圆曲线计算和检测

已知道路两直线段的右转角 α 为________,圆曲线半径 $R=$________m,将曲线分为 $n=$____等份,按弦线偏角法测设圆曲线的起点、终点和各等份细部点的计算如下:

切线长 $T=R\cdot\tan\dfrac{\alpha}{2}=$ 　　曲线长 $L=R\alpha\dfrac{\pi}{180^\circ}=$

每段弧长 $S=\dfrac{L}{n}=$ 　　每段所对圆心角 $\varphi=\dfrac{\alpha}{n}=$

曲线起点偏角 $\delta_{起}=\dfrac{\varphi}{2}=$ 　　其后每等分点偏角 $\delta_{分}=\varphi=$

每段弧长对应的弦长 $d=2R\cdot\sin\dfrac{\alpha}{2n}$

说明:经检测,弦线偏角法测设的________号点与开始测设的圆曲线终点点位的较差为:

21. 模拟隧道贯通测量计算和检测

已知两端导线点(设为中线点)坐标列于下表(摘录自本次实训闭合导线计算成果):

点号	X(m)	Y(m)	H(m)	方位角 α
(i)				$\alpha_{i\sim i-1}=$
$(i-1)$				
(j)				$\alpha_{j\sim j-1}=$
$(j-1)$				

贯通方位角:

$$\alpha_{i\sim j}=\arctan\frac{y_j-y_i}{x_j-x_i}=\qquad,\alpha_{j\sim i}=\alpha_{i\sim j}\pm180^\circ=$$

测设水平角:

4 号点端: $\beta_1=\alpha_{i\sim j}-\alpha_{i\sim i-1}=$

9 号点端: $\beta_2=\alpha_{j\sim i}-\alpha_{j\sim j-1}=$

贯通距离:

$$D_{i\sim j}=\sqrt{(x_j-x_i)^2+(y_j-y_i)^2}=$$

两端测设距离:

$$D_1=D_2=\frac{1}{2}D_{i\sim j}=$$

贯通坡度:

$$i_{贯}=(H_j-H_i)/D_{i\sim j}=\qquad\%$$

贯通面中线点高程:

4 号点端测设: $H_{中}=H_i+i_{贯}\times D_1=$

9 号点端测设: $H_{中}=H_j-i_{贯}\times D_2=$

说明:经检测,由两端测设的 p' 和 p'' 点位较差得贯通时两点之间:

垂直于中线方向的横向误差 $\Delta u=$

沿中线方向的纵向误差 $\Delta l=$

沿竖向的高程之差 $\Delta h=$

附录2:测量实训操作考查题选

一、测量实训操作考查题之一——四等水准测量

专业____年级____班级____小组________学号________姓名________成绩________

日期________________________开始时间________结束时间________

(一)内容及评分标准

四等水准测量——用 DS_3 型水准仪完成一个测站上的观测、记录和计算。

时间要求:8min 内完成为 100 分,每增加 1min 扣 5 分。

精度要求:每标尺红、黑面读数差不超过 3mm,每超过 1mm,扣 1 分。

两标尺之间的红、黑面高差之差不超过 ±5mm,每超过 1mm,扣 1 分。

测站高差中数与该测站高差的正确值相比较,每超过 1mm,扣 1 分。

记录书写和计算错误扣 5 ~ 10 分。

(二)观测、记录与计算

<table>
<tr><td rowspan="4">点 号</td><td>后尺 下
上</td><td>前尺 下
上</td><td rowspan="4">方向及
尺号</td><td colspan="2">水 准 尺读 数
(m)</td><td rowspan="4">K + 黑 - 红
(mm)</td><td rowspan="4">高差中数
(m)</td><td rowspan="4">说明</td></tr>
<tr><td>后距(m)</td><td>前距(m)</td><td rowspan="3">黑面</td><td rowspan="3">红面</td></tr>
<tr><td rowspan="2">前后视距
差(m)</td><td rowspan="2">累计差
(m)</td></tr>
<tr></tr>
<tr><td rowspan="4"></td><td>(1)</td><td>(5)</td><td>后</td><td>(3)</td><td>(4)</td><td>(13)</td><td rowspan="4">(18)</td><td rowspan="4">K_1 =4. 687
K_2 =4. 787</td></tr>
<tr><td>(2)</td><td>(6)</td><td>前</td><td>(7)</td><td>(8)</td><td>(14)</td></tr>
<tr><td>(9)</td><td>(10)</td><td>后 - 前</td><td>(16)</td><td>(17)</td><td>(15)</td></tr>
<tr><td>(11)</td><td>(12)</td><td></td><td></td><td></td><td></td></tr>
<tr><td rowspan="4">后 1
|
前 2</td><td></td><td></td><td>后 1</td><td></td><td></td><td></td><td rowspan="4"></td><td rowspan="4"></td></tr>
<tr><td></td><td></td><td>前 2</td><td></td><td></td><td></td></tr>
<tr><td></td><td></td><td>后 - 前</td><td></td><td></td><td></td></tr>
<tr><td></td><td></td><td></td><td></td><td></td><td></td></tr>
<tr><td rowspan="4">后 1
|
前 2</td><td></td><td></td><td>后 2</td><td></td><td></td><td></td><td rowspan="4"></td><td rowspan="4"></td></tr>
<tr><td></td><td></td><td>前 1</td><td></td><td></td><td></td></tr>
<tr><td></td><td></td><td>后 - 前</td><td></td><td></td><td></td></tr>
<tr><td></td><td></td><td></td><td></td><td></td><td></td></tr>
</table>

(三)成绩评定

标准高差(m)	差值(mm)	扣分	完成时间	扣分	其他	扣分	得分

二、测量实训操作考查题之二——水平角测量(测回法)

专业____年级____班级____小组________学号________姓名________成绩____________

日期________________________开始时间________结束时间________

(一)内容及评分标准

普通水平角测量——用 DJ_6 型光学经纬仪在指定测站整平仪器,对中,然后对指定目标进行 1 个测回水平角的观测、记录和计算。

时间要求:10min 内完成为 100 分,每增加 1min 扣 5 分。

精度要求:$|\beta_{左}-\beta_{右}|\leqslant 40''$,每超过 6″扣 2 分。

一测回角值与该角值的正确值相比较,每超过 6″扣 2 分。

记录书写和计算错误扣 5~10 分。

(二)观测、记录与计算

测站(点号)	目标	竖盘位置	水平度盘读数(° ′ ″)	半测回角值(° ′ ″)	一测回角值(° ′ ″)	说明
	A	左				
	B					
	A	右				
	B					
	A	左				
	B					
	A	右				
	B					

(三)成绩评定

标准角值	差值(″)	扣分	完成时间	扣分	其他	扣分	得分

三、测量实训操作考查题之三——竖直角测量(测回法)

专业____年级____班级____小组________学号________姓名______成绩______

日期________________________开始时间________结束时间________

(一)内容及评分标准

普通竖直角测量——在指定 O 点安置经纬仪,整平仪器,测量指定目标 A 点的竖直角,1 个测回,同时完成其观测、记录和竖直角与指标差计算。

时间要求:8min 内完成为 100 分,每增加 1min 扣 5 分。

精度要求:与竖角正确值相比较,每超过 6″扣 2 分。

记录书写和计算错误扣 5~10 分。

(二)观测、记录与计算

测站	目标	竖盘位置	竖盘读数 (° ′ ″)	半测回竖角 (° ′ ″)	一测回竖角 (° ′ ″)	指标差 $x=\frac{\alpha_R-\alpha_L}{2}$
		左				
		右				
		左				
		右				
		左				
		右				
		左				
		右				
		左				
		右				
		左				
		右				
		左				
		右				

(三)成绩评定

标准角值	差值(″)	扣分	完成时间	扣分	其他	扣分	得分

四、测量实训操作考查题之四——道路坡度测设

专业____年级____班级____小组________学号________姓名________成绩________

日期________________________开始时间________结束时间________

(一)内容及评分标准

道路坡度测设——设沿道路边沿有 A、B、C、D、E 五个桩点,相邻点之间距离均为 10m,假设 A 点桩顶高程及其设计高程均为 $H_A=10.00$m,在指定位置安置水准仪,整平仪器,首先测量其他四个桩顶的高程,再按 -1% 的设计坡度测设道路的坡度,同时完成其观测、记录,并计算四点的桩顶高程、设计高程和各桩位应有的标尺读数。

时间要求:8min 内完成为 100 分,每增加 1min 扣 5 分。

精度要求:与各桩点的桩顶高程、设计高程的正确值相比较,每项超过 1cm 扣 2 分。

记录书写和计算错误扣 5~10 分。

(二)观测、记录与计算

道路桩位高程观测记录

测站	点号	后视读数(m)	中丝读数(m)	前视读数(m)	高 差(m)	高 程 H_i(m)

坡度测设计算表

坡度 $i=-1\%$

点 号	A	B	C	D	E		
桩顶高程(m)							
设计高程(m)							
填(挖)高度(m)							
距 离(m)							

(三)成绩评定

观测误差	计算误差	扣分	完成时间	扣分	其他	扣分	得分

五、测量实训操作考查题之五——建筑物高度测量

专业____年级____班级____小组________学号________姓名________成绩________

日期________________________ 开始时间________结束时间________

(一)内容及评分标准

建筑物高度测量——在指定 O 点安置经纬仪,整平仪器,用视距测量测定测站至建筑物某墙角(地面竖立标尺)的水平距离,再用三角高程测量以盘左(半个测回)测量建筑物该墙角顶端点的竖直角和标尺中丝的读数,同时完成其观测、记录和建筑物高度计算。

时间要求:8min 内完成为 100 分,每增加 1min 扣 5 分。

精度要求:与该建筑物高度的正确值相比较,每超过 1dm 扣 2 分。

记录书写和计算错误扣 5 ~10 分。

(二)观测、记录与计算

建筑物高度测量记录、计算表

测站________建筑物名称________

点号	下丝 上丝(m)	视距间隔 l(m)	水平距离 D(m)	竖盘读数 (° ′ ″)	竖直角 α (° ′ ″)	$D\cdot\tan\alpha$ (m)	中丝读数 (m)	建筑物高度(m)

(三)成绩评定

标准高度	差值(m)	扣分	完成时间	扣分	其他	扣分	得分

附录3:建筑工程单位施工测量报表示例

一、××办公楼工程定位测量记录

工程测量定位记录

定位依据			
1.工程定位测量通知单08号			
2.施工总平面图,建施-1			
3.基础平面图,建施-2			
定位方法及过程			
1.定位方法为直角坐标法			
2.定位过程			
①以产品实验站外墙角“O”为原点，首先从两侧墙外皮引延长线(OA=9.150m)至A、A'二点，延长AA'至B点，使AB=62.15m，B即为轨道中心点。将仪器置于B点，后视A点，然后逆时针转90°定C、D二点，使BC=29.39m，CD=30.00m			
②将仪器置于C点，后视D点，逆时针转90° 定E点，CE=74.60m			
③将仪器置于D点，后视B点，顺时针转90° 定F点，DF=74.60m			
④将仪器置于E点，后视C点，逆时针转90° 定F点，闭合差为2mm			
注：(1)轴线标志为①、⑭、Ⓐ、Ⓑ			
(2)测量定位标志为A、B、C、D、E、F			
(3)标准尺寸单位为m			
建设单位：××厂	施工单位		××建筑公司××施工队
公章 代表：××× ××××年××月××日	定位	×××	公章 ××××年××月××日
	栋号技术员	×××	
	技术负责人	×××	
	质量员	×××	
	主管工程师	×××	

Ⓑ F D
x-107.20
y +905.00
30.00
170.550
Ⓐ E C
x -28.00
y +875.00
x+29.55
y +854.76
产品实验站
O
29.39
9.15
62.15
B A A′
钢轨中心线
4.6
74.60
57.55
① ⑭

二、××住宅楼大板混凝土基础顶面标高检测记录

标高检测记录

工程名称	××住宅楼	施工图号	结 3-1
检测部位	大板混凝土基础顶面标高	检测时间	××××年××月××日
设计标高	见图示	检测评定	在允许偏差值内
检测点示意图	0 −10 0 0 0 0 +10 +10 0 −4 −3 +3 +10 +10 0 −10 0 0 −2 +4 +8 0 0 0 0 −10 0 21 600　6 000　39 600 ①　㉑ −4.750　−4.325　−4.100		
备注	基础大板检测,正值为超出设计标高,负值为低于设计标高,单位以 mm 计算,允许偏差±25mm		

建设单位代表:×××　技术负责人:×××
复检:×××　检测:×××

参 考 文 献

1. 潘松庆. 现代测量技术[M]. 郑州:黄河水利出版社,2008.
2. 杨正尧,程曼华,等. 测量学实验与习题[M]. 武汉:武汉大学出版社,2001.
3. 杨正尧. 数字测图原理与方法实验与习题[M]. 武汉:武汉大学出版社,2004.
4. 卢正. 建筑工程测量实训指导[M]. 北京:科学出版社,2003.
5. 王云江,等. 建筑工程测量[M]. 北京:中国建筑工业出版社,2002.
6. 中华人民共和国国家标准. GB 50026—93 工程测量规范[S]. 北京:中国计划出版社,2001.
7. 中华人民共和国国家标准. GB 5/T 12898—91 国家三、四等水准测量规范[S]. 北京:中国标准出版社,1992.
8. 中华人民共和国行业标准. CJJ 8—99 城市测量规范[S]. 北京:中国建筑工业出版社,1999.